U0240876

揭秘PPT真相

仝德志（布衣公子）◎著

2020 1 1

电子工业出版社·

Publishing House of Electronics Industry

北京•BEIJING

内容简介

你是否还在为寻找 PPT 模板 "跋山涉水"？你是否还在为确定 PPT 风格绞尽脑汁？你是否还在为 PPT 配色和排版纠结、痛苦？打开本书吧！这是一本全方位揭秘 PPT 真相的秘籍。

本书全面介绍了 PPT 的特性、类别、应用场景，以及高质量 PPT 的特点和制作流程等内容，以制作 PPT 为主线，重点介绍如何使 PPT 重点突出、美观时尚，并讲解了修改、创作 PPT 模板的流程、工具。本书还介绍了创意图表的设计方法，不仅帮助读者迅速上手，制作出来的创意图表更是可以直接套用。

此外，书中还介绍了辅助 PPT 制作的资源、工具及 PPT 在其他领域的应用，以便扩展 PPT 的功能边界，提升 PPT 的设计效率。

本书内容起点低、讲解详细，能够帮助 PPT 小白快速掌握 PPT 的设计规律，学会 PPT 的美化技巧，熟悉 PPT 的制作流程，迅速做出比较完善的 PPT。

未经许可，不得以任何方式复制或抄袭本书之部分或全部内容。

版权所有，侵权必究。

图书在版编目（CIP）数据

揭秘 PPT 真相 / 仝德志著 . -- 北京：电子工业出版社，2020.1
ISBN 978-7-121-37613-9
Ⅰ . ①揭… Ⅱ . ①仝… Ⅲ . ①图形软件 Ⅳ . ① TP391.412
中国版本图书馆 CIP 数据核字 (2019) 第 219541 号

责任编辑：牛　勇　　特约编辑：徐翰林
印　　刷：中国电影出版社印刷厂
装　　订：中国电影出版社印刷厂
出版发行：电子工业出版社
　　　　　北京市海淀区万寿路 173 信箱　　　　邮编：100036
开　　本：720×1000　1/16　　印张：17.25　　字数：397.5 千字
版　　次：2020 年 1 月第 1 版
印　　次：2020 年 1 月第 1 次印刷
定　　价：79.90 元

凡所购买电子工业出版社图书有缺损问题，请向购买书店调换。若书店售缺，请与本社发行部联系，联系及邮购电话：（010）88254888，88258888。

质量投诉请发邮件至 zlts@phei.com.cn，盗版侵权举报请发邮件至 dbqq@phei.com.cn。

本书咨询联系方式：010-51260888-819，faq@phei.com.cn。

前 言

公子是谁？揭秘"布衣公子PPT"背后的故事

有一个《上帝会来救我的》故事，相信大家都读过。每个人对这个故事都有自己的理解，我的理解是，我们一定要对机会敏感，要把握住命运的暗示，刻苦努力以得到幸运女神的拥抱。

"时来天地皆同力，运去英雄不自由。"这句唐代罗隐的名句，说明了运气或机遇的重要性。小米公司的创始人雷军也说过类似的话，年轻人光靠勤奋和努力是远远不够的，还需要一点运气，这个运气就是"要把握大势，顺势而为"。

我读的大学是一所省属师范高校——江苏师范大学（原徐州师范大学），学的专业是电子技术。我毕业后当了一年教师，2004年离开教师的岗位后，先后到北京、上海工作，2007年5月来到苏州。

转眼到了2009年，我猛然发现，快30岁了，自己还没有对象，也没有多少存款，更没有买房。

那一年，我产生了极大的危机感，我意识到，再不好好规划，这一辈子可能就要废了！

时间怎么没的呢？我开始反思。抛开客观的原因不说，主观的原因在于我对自己的人生没有规划，四份工作、四个城市，每一次离开时，原有的积累基本都丢掉了，一切又从头开始。当我意识到这一切之后，我觉得需要做点什么来改变我的命运。

好读书的我首先选择从书中寻找答案。说到这儿我得感谢当时公司的图书室。那个图书室很小，不过几百本书，基本都被我翻过一遍。我很幸运，读到了曾仕强先生的书。他的书至少在两个方面启发了我，一个是对人性的深刻洞悉，一个是对人生的透彻理解。按照他的理论，当一个人运势不济的时候，要蛰伏等待；当一个人顺风顺水的时候，则要快马加鞭，抓住这难得的好时机，做"风口上的猪"。其实说白了就是要顺势而为，而不是逆势而动。

《易经》中的爻辞"潜龙勿用""见龙在田""飞龙在天""亢龙有悔"可以说是人生各个阶段的形象描述。每一个人都要经历"潜龙勿用"这个阶段，但如何在这个阶段给自己的人生做好规划并刻苦修炼，这决定了一个人未来所能达到的高度。

我之前也不是没有规划，但现在想来那些规划很搞笑。比如，我大学毕业时的规划就是"跨过长江去"，当老师时的规划就是"不再当老师"，且未来一定要到北京、上海、苏州等城市去体验一下……而对应该锻造什么技能、从事什么职业、在哪个行业深耕却没有任何想法。

何谓运气？就是有准备的人，在正确的时间做了正确的事情。我在 2009 年做得最正确的事情，就是认真思考和规划自己的人生，并为自己做了一张人生计划表，最终确定专注于人力资源管理这个方向，且在和我大学所学专业相接近的行业中找工作。如今回首看看那张表，发现自己近年来的发展基本符合当时的规划。

我曾是一个非常悲观的人，悲观不仅仅是因为年轻时的无助和彷徨，也和我自身的性格有关系。2005 年，我在北京工作，当时为了研究一下自己的性格，专门去昌平医院花了五元钱验了血型。原来我是 A 型血、摩羯座，拥有一个会很孤独却又不怕孤独的性格。

那时候还没有自媒体，但我喜欢在网上写博客、写日记。

我就像飘在空中的精灵

冷眼观摩自己

一盘牛肉，几瓶啤酒

独酌，凝思，掩涕

人生不就如这杯苦酒吗

如此凄楚悲凉……

这是我在 2006 年 9 月 19 日写下的日记，如今看来，完全是无病呻吟。当时，我大哥在 QQ 空间看到我的日记时，很担心我，还专门让同在北京工作的亲戚带我出去玩。

或许，大多数人的二十来岁，特别是从农村考上大学的年轻人，生活都有点糟糕吧。那时候我租住在北京邮电大学附近的一间老房子里，租金 500 元 / 月，房间面积大约 5 平方米，屋内只有一张破旧的床和一张破旧的桌子，所幸暖气还不错，虽然北京的冬天很冷，但室内却温暖如春。

有一天深夜，我在熟睡中忽然听到声音，猛然惊醒，抬头看见头顶的灯管着火了。我下意识地去关闭电灯的开关，然后立即跑到洗手间端起一盆水朝着天花板泼去，火被浇灭了，床也被浇湿了，没办法再睡觉了，我就这么呆呆地坐到了天亮——这是一个令我难忘的夜晚，我曾把这一段经历写到一首长诗里。

夜半灯管忽爆裂，沧桑电线把火生。

酣梦猛惊心甚恐，披衣跣足欲逃生。

但见火急情势危，疾走取水狂泼冲。

火灭床湿屋狼藉，涔涔汗渍心难平。

幽窗深锁悬冷月，黯然独坐到天明。

2007年5月，我决定离开北京。在此之前，我在《笑着离开惠普》这本书中读到一段话，明白了当时悲观的主要原因。这段话的大意是："你不快乐的根源是你不知道自己想要什么。你不知道想要什么，所以你不知道追求什么。你不知道追求什么，所以你什么也得不到。"

毕业四年了，许多人在四年时间里已经熟谙了一个领域并且渐渐成为某个领域的专家，而我却无助地徘徊在人生的十字路口，胡乱地闯荡一番又回到了原点，焦急而又被动地等待着命运的安排。

我在北京时的工作岗位是总经理助理，同时负责人事和财务工作。到了苏州之后，由于缺乏具体的专业技能，我只能继续找助理的工作。我幸运地找到了一家上千人规模的民营公司，担任董事长助理，负责老板的文书助理工作。

一位在苏州的大学同学听说我到了苏州并了解我的情况后，他不无担忧地说，你应该专注于一个方向了。遗憾的是，直到2009年，我始终未能找到明确的人生方向。当时的现状是：没有明确要从事的行业，也没有清晰的职业定位。我喜欢做什么，不知道；我擅长什么，我感觉似乎有那么几项，但每项都不够精通。

到苏州后，我一直租住在木渎人民医院对面的小区。2009年，合租同事买房子搬走以后，我又搬到翠坊公园那边，和一对年轻的夫妇合租。然而仅仅住了半个月，房东把房子卖了，我又搬到了木渎实验中学隔壁的一栋建于20世纪90年代的教师公寓。

那个公寓是孤零零的一栋楼，没有院子，也没有停电动车的地方。每天下班后我只能把车子停在对面的社区院内，然后再走回来。需要充电时，我则要把电池卸下来拎到楼上充电。那年冬天，父亲来苏州看我。当父亲看到我租住的条件后，直叹气说，你连初中就辍学打工的都不如。

记得还是那一年，过年的时候在大伯家陪客吃饭，大伯的亲戚喝酒闲聊说起我："你们这些大学生虽然学历高，却眼高手低，毕业这么些年连媳妇也没有……"当然，做出类似评价的可能远不止一两个人。

其实，我从来没有被类似的评价困扰过，不是因为我脸皮厚，也不是因为我破罐子破摔了，而是因为读书让我自己的内心更为强大，看事情从来不会只看眼前。我明白，人生是一场长跑，一时的得失成败算不了什么。反过来说，也不要轻易对一个人的现状去做什么定论，特别是一个暂时困顿的人。

内心强大的人不会因外界的嘲讽（或许是无意的）或打击而崩溃，而是知耻而后勇，知不足而奋进，忍常人所不能忍，为常人所不能为。我知道所有的困顿都是暂时的，一切都会好，只要自己坚持积极乐观，坚持努力工作。

当然，我不能再盲目地往前走了，要为自己的人生好好规划！

经过深思熟虑，我认识到人生短促，必须把最有限的精力投入最应该投入的地方。于是，我把自己的专业领域最终确定在人力资源方面，而后，以此为核心，进行了长达三年、非常系统的个人知识管理，从而凝聚出了个人的核心竞争力，人生开始步入正轨。

从 2010 年的那个夏天到今天，我积累了实实在在、沉甸甸的收获：

◎ 2010 年 6 月到 2011 年 3 月，第一轮知识管理完成，收获 30 份文档。

◎ 2012 年 6 月，知识体系更新完成，文档增至 46 份。

◎ 2012 年 12 月，把 Word 文档转为 PPT，完成 28 个 PPT 作品。

◎ 2013 年春节，完成第 34 号、第 35 号作品，看春晚时依然在做 PPT。

◎ 2013 年 3 月 8 日，38 份 PPT 作品的分享任务也全部完成。

◎ 2013 年 5 月，婚假期间，构思并制作"PPT 技能分享"系列文档。

◎ 2015 年 8 月，完成 64 份作品并发布个人大合集。

◎ 2016 年 9 月，开始开发"揭秘 PPT 真相"课程。

◎ 2017 年 4 月，"揭秘 PPT 真相"课程在网易云课堂上线。

◎ 2018 年 9 月，200 节"揭秘 PPT 真相"视频课程开发完成。

◎ 2018 年 10 月，"揭秘 PPT 真相"课程企业团购版上线……

在工作方面，2011 年春节后，我谋得一个外企人力资源经理的职位。过了两年，我又到了一家近万人的上市公司担任企业文化经理，实现了我当初的两个小的愿望，一是到外企，另一个是到上市公司。在生活方面，2012 年买房，2013 年结婚，2014 年 3 月大宝出生，2014 年 9 月买车，2017 年二宝出生……人生总算步入正轨！

孙振耀那段话说得没错，因为你不知道追求什么，所以你什么也得不到。当你明确地知道自己追求什么，并坚持付出努力，则生活会给予你相应的回报。

我们对未来诚惶诚恐

是因为没有很好地把握现在

我们蹉跎了光阴

往往是因为没有目标和方向

当你的 LIST 充满了任务

你不会感觉到空虚和迷茫

在进行知识管理的过程中，有一个环节就是把自己的知识管理成果分享出来，与别人进行互动交流，来检视并进一步促进知识管理成果的提升。而分享的过程也正是个人品牌建设的过程，特别是在如今异常便利的网络时代，我们一定要拥抱这个时代。我曾在一篇文章中写道：如果我们不充分利用这个网络时代，我们和爷爷奶奶那一辈又有什么区别呢？

其实，我分享自己的知识管理成果，还有一个朴素的想法，就是反哺互联网。我想，我从迷惘、困惑中一路艰辛地走过来，逐步建成了自己的知识体系，初步形成了自己的核心竞争力，是非常不易的。一定有很多人也同我一样，充满了困惑，在职场的漩涡中或不咸不淡或苦苦挣扎。我何不将钻研的成果分享出来？说不定可以帮助许多朋友缩短个人成长的时间。

一开始，我在网上直接分享 Word 文档，效果一般。网络资料太浩瀚了，我的那些内容浅薄的文档，很快就在互联网中被淹没。何不做成人们所喜闻乐见、赏心悦目的 PPT 呢？我想，这样将会吸引更多的朋友关注，会惠及更多的朋友。而且，我做课题研究的全部资料，几乎全部来自网络,这个计划也算反哺互联网吧。我内心则把这个计划命名为"攒人品计划",期待将来会给我带来好运。于是,就这样,意料之外地,我开始了 PPT 的分享计划。

那一份炫动、"黑酷"的"时间管理技能"是我在网上分享的第一个 PPT 作品,在新浪微博上很受欢迎,锐普的创始人陈魁老师发现后,鼓励我发布到锐普论坛。从此便一发而不可收,我在无意间成了 PPT 达人,成就了"布衣公子"这个品牌。

既然我的身上已经被贴上了 PPT 这个标签,我就索性把这个标签贴好、贴稳,聚焦于这一点,做到极致。从 2016 年开始,我的微信公众号开始聚焦 PPT 领域,其他类型的文章极少发布;虽然我的主职工作是企业文化建设,但是,为了把 PPT 研究透彻并输出价值,2016 年 9 月,我启动了"揭秘 PPT 真相"课程的开发,至 2018 年 9 月底,200 节视频课程开发完成。

这就是布衣公子的故事,也是布衣公子与 PPT 结缘的故事。

布衣公子

2019 年 12 月于苏州

【读者服务】

微信扫码获取

◎ 800 页原创高质量商业 PPT 设计案例;　　◎ 89 套原创优质 PPT 培训课件;

◎ 20 套布衣公子常用配色方案;　　　　　　◎ 20 类精选动画效果;

◎ 10 套热销原创商务模板;　　　　　　　　◎ 80 万字精心整理的知识管理类文档

◎ 布衣公子《我的黄金十年》个人传记;

◎ 100 节精选在线视频课程;

◎ 加入本书读者交流群,与作者交流互动。

推荐序一

一位人力资源总监眼中的 PPT 工匠精神

我们为什么要提升自己制作 PPT 的能力？

想把工作做好……

为什么要把工作做好？

想提高一家人的生活品质……

作为一家公司的人力资源总监，我眼中的 PPT 舞台包括试用期转正的述职、内部竞聘、职级晋升、工作总结等各种应用场景。每一个场景都是向上的阶梯。优秀的 PPT 能让你的上级近距离了解你的业绩，充分放大你的优点，刷新并超越上级对你的期望值。因此，制作精致、条理清楚的 PPT 是加分项。细节决定成败，一个连 PPT 都不重视、都做不好的职场人，能做好工作吗？

PPT 就是一个人工作态度、责任心、敬业精神的集中展示，是体现一个人内在和外在综合素质的载体。对于人力资源部门来讲，当要聘用一位管理者时，需要对他每一次汇报时使用的 PPT 进行仔细的研究，从 PPT 中发现他进行决策时的思想路径、方法论、逻辑及其本人的性格、爱好、价值观等。一叶落知天下秋，从细节可以看到一个人的格局。

在我们的职业生涯中，要不断提升上级对自己的满意度。需要使用 PPT 的时间点，往往是我们职业生涯中的一些关键节点，如向上级汇报。上级都比较忙，因此，如何在有限的时间内更加完美地表现自己是至关重要的。人需要抓住人生中的机会，一份优质的 PPT 就是你在人生舞台中的一次完美演绎。

我是一个对 PPT 质量有着极高要求的人。近十年来，我经常自己动手制作一些 PPT，为提高效率难免要到网上找一些 PPT 素材进行借鉴。找来找去发现粗制滥造的 PPT 素材太多了。有一天，我终于找到了自己十分满意的 PPT 素材。后来，我发现自己满意的 PPT 素材基本都出自同一个人——布衣公子。后来，我干脆就以"布衣公子"作为寻找 PPT 素材的关键词。"布衣公子"这几个字在我心中成了"优质 PPT"的代名词。就在写这篇推荐序的时候，我以"布衣公子 &PPT"为关键词用百度搜索了一下，发现了近十六万个网页。可见，"布衣公子"已经成为 PPT 领域一个不可忽视的品牌。每个人都需要打造自己的个人品牌，而 PPT 就是你打造个人品牌中的一个有力的工具。

再后来，我在布衣公子的 PPT 中看到了他的联系信息，发现我们竟然生活在同一座城市。于是我终于见到了他，在交流中我知道，他那时候分享的 PPT 都是免费的，他的胸怀让我更感到敬佩。时至今日，我的硬盘中还有他早期制作的 PPT，如"团队精神及忠诚度""实用沟通技能""实用礼仪培训"等。他的很多课件拿来就能用，有些甚至不需要做任何的修改就能用到自己的实际工作中，因此成为全国众多 PPT 爱好者或培训师非常喜爱的 PPT 课件库。其中，"实用礼仪培训"简直成了标准的课件。

2013 年，布衣公子开通了"布衣公子 PPT"微信公众号，继续免费为全国 PPT 爱好者提供学习 PPT 技能的平台。近年来，他还制作了"揭秘 PPT 真相"系列视频课程，像修万里长城一样修建自己内心的精神宫殿，为全国 PPT 爱好者提供更便捷的学习途径。多年以来，我面试过成百上千的人，有一部分人来面试时所展示的 PPT 明显带有布衣公子的痕迹，可见他在企业办公人群中的影响力和品牌知名度。

认识布衣公子很多年了，他制作的 PPT 已经很好了，但他永不满足，努力做得更好。他像打磨一件件玉器一样精雕细琢每页 PPT，不断追求极致。在这种精益求精、细致入微的打磨中，他体会到了疯狂热爱的乐趣，体会到了最彻底的享受。或许，他是把 PPT 当成自己的孩子来热爱、来倾注一生的心血吧。

布衣公子精益求精的精神是 PPT 工匠精神的核心。一个人之所以能够成为"工匠"，就在于他对自己作品在品质上有着不懈的追求。他不惜花费大量的时间、精力反复打磨，努力提升自己作品的自我满意度及含金量，这令我十分震撼和敬佩。人的一生，就是要不断地挑战，追求创新的极限，人生的意义将因此而放大。

许强 某集团人力资源总监、诗人、中国作家协会会员

推荐序二

　　初识布衣公子源于偶然间浏览到他制作的精美 PPT，进而访问了他的博客和微博，阅读了他的连载文章《我的黄金十年》。想象着有这么一个人，只身来到陌生的城市，凭借自己的努力换取别人对他的一点信任，进而赢得比别人多做一点事的机会，慢慢地，做的事越来越多，得到的锻炼也越来越多，服务社会的能力在这样的过程中不断提升。

　　于是，见他一面的想法愈发强烈。待到终于有机会相见，他的形象果然在我的意料之中。他是物理系造就的那种人，普通的外貌，戴着一副眼镜，斯文、儒雅，面对面交流时说话慢条斯理，却可以将事情分析得极度透彻，尽显思维的缜密。

　　混迹于职场之中，知道"你懂个 P""你 P 都不懂"被赋予了新的内涵，对"会干活的不如会做 PPT 的""你的 PPT，Power 没有我也就忍了，竟然连 Point 都没有"也早已耳熟能详，至于将 PPT 戏称为"屁屁踢""骗骗他"，我都将这理解为善意的调侃，一笑而过。或许只有同处职场，曾为 PPT 抓耳挠腮，常为 PPT 绞尽脑汁的同道中人才能"更解其中味"吧。

　　布衣公子的《揭秘 PPT 真相》，单看书名让人感觉有些俗。PPT 还有秘密可言吗？认真读完，我对作者心生敬意，心想若是当年初入职场的时候就能得到类似的指导，那要少走多少弯路呀。

　　这本书会让你知道高质量的 PPT 原来可以如此令人赏心悦目，书中也有可以有效提升 PPT 制作效率并且可让你"偷懒"的"大招"，作者甚至将"雕虫小技"也毫无保留地教给你……看着作者剥丝抽茧般地揭秘，你会发现学习 PPT 时曾经遇到的困难、困惑都不再算什么事儿。

　　希望大家记住布衣公子常说的这句话："学习制作 PPT，只要开始就不算晚。"

　　顾德仁　苏州远志科技有限公司总经理、苏州市职业大学电梯学院院长

推荐序三

布衣公子是我的忘年交，也是我的良师益友。2015 年，在培训界好友的聚会上，有人向我谈起苏州有位神秘大咖，PPT 做得美轮美奂，引起了我的好奇心。不久，我从网上阅读了布衣公子的《我的黄金十年》，虽未谋面，却对这位 80 后理科生刮目相看。

而后，我又不断从网络中看到了他分享的 PPT 成果。如今，可以说布衣公子在 PPT 领域已经是独树一帜。他开发的模板的形式、种类、功能几乎囊括了人们日常工作、生活等领域的一切需要。我在享受他的成果时，不仅时时为他特有的审美情趣、温情色调、灵动线条而感动，更对他做事的风格深感敬佩。从知识管理到文档活用，从《我的黄金十年》到《我的白金十年》，布衣公子始终坚守初心，"常思常念常悟，动情动意动心"。我认为，他的笔名"布衣公子"已经表明了"心志高远"的志向。今天，我从他身上学到的东西远远不只是几个 PPT 模板或 PPT 技巧，而是一个行业标杆人才应该具备的素质，因此，我一直向年轻人推荐布衣公子的作品。

在图书即将出版之际，我对布衣公子深表祝贺，也特此向对青年朋友们力荐布衣公子的这本《揭秘 PPT 真相》。

沈鹰 苏州高新区诚信企业协会会长

推荐序四

提起仝德志或许很多人都不知道，但聊起"布衣公子"，熟悉他作品的人一定很多。我想，在国内最早一批教授知识管理的老师中，布衣公子绝对是有江湖地位的。

过去见过有人直接使用布衣公子做的课件去讲授商业课程，后来在行业内聚会时聊起这类事情，居然发现圈子里非常多的管理者与培训师都收藏了布衣公子制作的课件。用很多伙伴的话来说："布衣公子做的课件就是好，他跟别人不一样的关键点是，别人是做模板，而他是实实在在地分享知识，而且知识的载体还那么精美。"或许这就是布衣公子留给很多人的印象。圈里圈外受益于布衣公子的作品的人很多，此次新书《揭秘 PPT 真相》出版，必将引发更多有需求与有兴趣的伙伴追捧。

我与布衣公子初识于网络，十分有幸受邀为本书写一篇推荐序。希望这篇推荐序一来能为友人新书的发行摇旗助力，二来表达自己对其专注与创新的钦佩，三来为其严谨、专注的职业操守点赞。

善良的人终将得到更大的回报。

殷祥 江苏兴企管理咨询有限公司 CEO

推荐序五

与布衣公子是多年的好友，虽然见面不多，却一直彼此关注。这些年一路走来，布衣公子始终坚守初心，在 PPT 领域精耕细作，不断挑战和提升自我。他顺势而为、厚积薄发，从线上网课到线下讲座，从微信公众号文章分享到企业内部培训，凭一己之力在培训领域打造出了"布衣公子"系列课程，受到广泛好评。他对 PPT 的这份热爱和不懈执着，令人由衷钦佩。

欣闻布衣公子将多年来对 PPT 的思考和感悟结集成书，通篇读过，收获满满。"百川汇一流，聚沙成高塔"，这本书是作者孜孜以求，不断钻研 PPT 的心血结晶。书中字里行间都是真情的流露，就像他的网名——布衣公子，真诚朴实却又字字珠玑。因为书中没有生硬的技巧罗列，只有流畅的语言、精彩的文笔，通过大量的案例拆解、技巧分享，帮助大家掌握捷径，少走弯路，通过打比方、举例子，让读者对 PPT 有了一个全新的认识。

读完这本书后，读者收获的不仅仅是 PPT 技能的提升，更是一段人生奋斗经历给人的启迪。在书中，我仿佛看到了一个勤奋的身影，在图书馆的一角奋笔疾书，在深夜的灯下思考人生……

我们都在努力奔跑，我们都是追梦人。让我们一起在布衣公子的带领下，一步一步发现 PPT 的真相，掌握 PPT 这一演示利器，为实现自己的人生目标添砖加瓦。

孙宁 @ 好 PPT 畅销书《精 P 之道：高效沟通 PPT》作者

目　录

第 1 章
为什么要学习 PPT？
PPT 能给我们带来什么

一句"干活的不如写 PPT 的"让 PPT 站上了风口浪尖，很多人讨厌 PPT 却不得不每天和 PPT 打交道，我们恨也罢，爱也罢，PPT 不过是个工具而已，是个辅助表达的工具。

1.1　为什么要学习 PPT

我想，我们在有计划地做任何事情之前，一定要先确立自己的目标。现代社会的节奏很快，职场中人的时间更是异常宝贵，如果决定投入时间来学习 PPT，一定要想好自己为什么要学习 PPT，PPT 能够解决什么问题，能带来什么好处。想清楚这些问题之后，才能评估将投入多少资源、以什么样的方式来学习 PPT。

每个人学习 PPT 的目的各不相同，如图 1-1 所示。有的人因为在工作中经常需要使用 PPT，不得不学习 PPT 以提高工作效率；有的人平时不经常使用 PPT，但是每年都有两次例行的工作汇报要用 PPT，虽说公司会提供统一的模板，但在素材选用和细节雕琢上比不过别人，做出来的 PPT "惨不忍睹"，在集体汇报的过程中往往会在 "印象分" 环节吃亏……因此需要学习 PPT，以便让作品能够 "拿得出手"。

▲ 图 1-1

有的人认为，PPT 和 Photoshop、Adobe Illustrator、CorelDraw 等软件一样，是专业设计师才需要学习的工具，实则不然。在当今社会，Office 是计算机一直以来必须安装的软件，PPT 则是 Office 中核心的软件之一，是普遍应用的软件，几乎每个人都会用到它，不仅老师上课用 PPT，连小学生做作业都要求使用 PPT。

正是由于 PPT 在日常工作与生活中的广泛用途，熟练使用 PPT 成了当今社会的必备技能。此外，PPT 作为辅助表达、对外演示的工具，其视觉效果也体现了一个人的审美品位和对观众的态度，在商务场合还代表了企业形象。

总之，PPT 是辅助表达的工具。我们学习 PPT 的制作技能，是因为在工作中经常要用到它，如汇报工作、介绍产品、制作培训课件、制作宣传资料等，有的求职人员甚至使用 PPT 制作简历来展现自己的实力，增加自己的竞争力。

1.2　内容才是王道，PPT 做得漂亮有什么用呢

有一位学员曾问我：内容才是王道，PPT 做得漂亮有什么用呢？公子想从三个方面回答这个问题。

1. 外在美与内在美并不冲突。

2. 莫要小看 PPT 做得好的人。

3. 要避免过度设计。

1.2.1　外在美与内在美并不冲突

"内容才是王道，PPT 做得漂亮有什么用呢？"我相信，PPT 做得好的人很少会这样说。为了理解这句话，公子模仿其语言结构造了几个句子：手机的功能才能王道，外观做那么漂亮有什么用呢？食物的营养才是王道，做那么可口有什么用呢？衣服的保暖和遮羞才是王道，设计那么多的款式有什么用呢？

看到这里相信大家已经明白，外在美和内在美并不冲突，外在美是内在美的有力补充。有了外在美，会吸引大家去发现内在美。有内在美而无外在美是璞玉，有外在美而无内在美是"花瓶"，内外兼修方能相得益彰。

1.2.2　莫要小看 PPT 做得好的人

优秀 PPT 体现的是内容提炼、逻辑设定、观点表述和演示表达等综合能力。因此，PPT 做得好，说明你对要展示内容的逻辑有很深的理解，对逻辑的展现做得很出色。PPT 能够提升你的影响力，不是因为你的 PPT 技能好，而是因为你通过 PPT 这个辅助工具，分享的知识、技能、思想或智慧具有说服力。

因此，坦然承认个人的技能短板没什么大不了的。不要逃避，不要抱怨，该学习的时候就学习。越早学习，越早受益；越早学习，就能越早打开职场的大门，提升自己的职场竞争力。

1.2.3　要避免过度设计

有的人简单地以为，PPT 做得好，就是要多放点素材、多来点特效，这导致很多人的 PPT 都是风格杂乱、过度设计。以下是公子总结的四种 PPT 过度设计的典型体现。

①色彩斑斓，让人眼花缭乱。用色太多且没有规律，特别是使用外部素材时，直接拿过

来就用，也不修改一下颜色，导致 PPT 缺乏统一的风格，看起来让人眼花缭乱。

②"噪声"太多，干扰目光。页面修饰元素太多、为了设计而设计、明显"用力过度"等会稀释观众的注意力，使得观众无法第一时间把握页面的重点。

③版式千变，焦点游移。版式变化太多固然避免了单调，却也导致了视觉焦点的反复游移，实际上，设计精美的版式适当重复也很好，不要让观众太累。

④故意炫技，动画使用不当。在不适合使用动画的场合使用动画，或动画效果太炫，会把观众的注意力给吸引过去。

1.3　我是小白，现在才开始学习制作 PPT 还来得及吗

经常会有网友问公子：我是 PPT 小白，现在才开始学习制作 PPT 还来得及吗？

只要开始就不算晚，人生道路上的每一个里程碑都刻着"起点"二字。公子相信一句俗语：迟做总比不做好。

小白朋友们如何开始 PPT 的学习之旅？这里借用海尔公司的培训原则"干什么，学什么；缺什么，补什么；急用先学，立竿见影"。小白学习制作 PPT，不需要纠结，哪一方面需要学习，从哪一方面起步就好。需要什么技能，先学习什么技能。先慢慢积累、体会，然后好好思考与规划如何进行进一步的学习。

一个懂得经营自己的人，一定舍得投资自己。相对于网络中零散的知识点来说，书籍或培训课程的内容更为系统、全面。这里公子自卖自夸我花 2 年时间开发的包含 200 个短视频的 PPT 课程——揭秘 PPT 真相。公子开发的原则是由浅入深，循序渐进，希望能够帮助小白读者。

1.4　为什么看了那么多的教程还是做不好 PPT

当今社会，各种自媒体、公众号每天都会生产出非常多的 PPT 教程。可是，为什么很多人看了那么多的教程，却还是做不好 PPT 呢？在这一部分，公子希望能做一个简单的分析。

1.4.1　该学习哪些 PPT 技能

公子觉得，要想学好 PPT，仅仅学习基本的操作技巧是远远不够的。比如，如果我们希

望成为一名优秀的裁缝，就不能只学习使用剪刀、尺子、缝纫机，还要学习关于衣服的基本知识，如好衣服的标准是什么？好衣服应该用什么料子？好衣服应该是什么尺寸的？什么样的衣服才是市场需要的？应该如何设计衣服？应该如何依照设计方案去裁剪布料、缝制？因此，公子认为，学习的内容要包括工具技能和产品技能两部分。

掌握工具技能的目的是会使用工具，使用工具有两种境界：会做、巧做。掌握产品技能的目的是制造产品，其也包括两种境界：好用、漂亮，如图 1-2 所示。

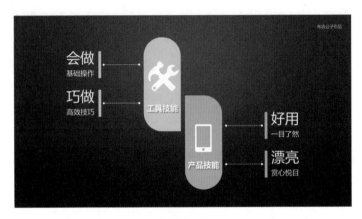

▲图 1-2

我们结合 PPT 的学习来说。

①会做：掌握制作 PPT 的基础操作。

②巧做：掌握高效制作 PPT 的技巧，甚至是一些"黑科技"。

③好用：关注重点是产品的功能，如满足 PPT 的表达需求———一目了然。

④漂亮：关注重点是产品的美学水平，如达到 PPT 的审美标准———赏心悦目。

古人云"故画竹必先得成竹于胸中"。学习 PPT 也是一样的道理，只学习工具技能是远远不够的，必须要学习产品技能。网络中的很多教程侧重介绍工具技能而忽视产品技能，所以，很多人即使是看了很多的教程，依然做不好 PPT。

产品技能就是通过熟练使用工具来创造产品的技能，必须要基于实实在在的产品去钻研，按照"拆解→模仿→感悟创新→发明新产品"的流程去学习。

需要注意的是，我们的精力是有限的，掌握那些与所制造产品对应的工具技能即可；而后，大量的精力应该放在锤炼产品技能，并通过大量的设计、制作，熟练工具的操作，并精通产品的设计，最终创造新产品，并顺带发现一些工具技能方面的"黑科技"。

1.4.2 学习 PPT 的方法是什么

究竟该如何学习 PPT 呢？这里笔者想起了自家的宝宝。公子家的宝宝在两岁多的时候，总是喜欢模仿大人的动作，他学大人打电话的动作学得有模有样，让人忍俊不禁。我由此意识到：人类最本能、最有效的学习方法就是模仿，如图 1-3 所示。

▲图 1-3

在古代，"学"与"习"是分开讲的，"学"指的是观察和模仿，"习"指的是练习和巩固。因此，孔子说"学而时习之，不亦说乎"。

因此，很多网友问公子该如何学习 PPT 时，公子的答案就是先从模仿开始，拆解别人的作品，照猫画虎，依葫芦画瓢。不要怕被别人说是山寨，谁不是从山寨阶段走过来的呢？在这个过程中，要大量制作，由量变引起质变。

1.4.3 用创新突破设计的平原期

学习制作 PPT，最好的方式是在工作中不断应用 PPT、不断提高自己的水平。换句话说，对在平时工作中使用的 PPT 要提高要求，不要因为只是内部的工作汇报或项目评审，就认为差不多就行了，如果这样，做再多的 PPT，也只是机械性的重复操作而已，很难提升制作 PPT 的水平。

应该把握每一个制作 PPT 的机会去提升技能，积累模板；对每一页 PPT 都严格要求、精益求精。要把每一份 PPT 都当作是用于对外发布产品、寻求融资、上市路演等关键事件，并坚持创新，不重复，这样才能真正提升自己制作 PPT 的水平。有一位网友说过："要想提升制作 PPT 的能力，需要具备对作品孜孜以求的工匠精神，以及不懈追求高阶技巧的谦逊态度。"

职场人士学习 PPT，必须拿出敬业、执着的态度，秉承孜孜以求的工匠精神持续创新，无论是对封面、封底、过渡页、目录页、正文页的版式进行设计，还是对文字的动画与色彩进行设计等，都尽量不要重复以前的效果，这也是公子对自己每一份 PPT 的基本要求。

有朋友说，创新需要灵感，但是没有灵感怎么办？这里笔者想到了毕加索的一句名言，如图 1-4 所示。

▲图 1-4

创新最难的是产生灵感，灵感不是天上掉下来或者在脑海中凭空而来的。当我们没有灵感时，要多去看看优秀的作品，从中寻找或激发灵感。创新是身边创造性的积累、融合，创新需要长时间的沉浸、思考、孵化。因此，不要等着灵感来了再去工作，只有沉浸在持续思考中，灵感才会涌现，要包容暂时没有答案的问题，但你的工作不要停止。

比如，当公子设计 PPT 时，会像参加考试一样，先挑容易的内容做，在没有灵感时对封面、封底或过渡页先放一放，等到最后再设计。随着工作进度的推进，或收集资料的增多，公子经常会灵感突现，这种感觉很美妙。

1.5　身边的同事或朋友知道我是 PPT 高手该怎么办

这绝不是故作姿态，也不是无病呻吟，公子发现这是一部分网友的困惑。如果身边的同事或朋友都知道了你是 PPT 高手，你需要面对工作或生活中所遇到的一些问题。

大家通常会遇到哪些问题呢？公子仅从自己的经验出发，列举几个问题及公子个人的看法，权作抛砖引玉，请大家多多指正。

1、我是否要把 PPT 做得丑一点？不然，把别人比下去了怎么办？领导说我把精力都花在 PPT 上了怎么办？

答：①想做得丑，并不容易。记得在学生时代，只要语文学得好，分数基本上掉不下来，因为语文成绩体现的是一个人的基本素养；而 PPT 体现的是一个人基本的职场技能水平，想做得丑，也并不容易。

②做人要坦荡，不要遮遮掩掩。可以隐藏锋芒，但不必丑化或矮化自己，凡事过犹不及，否则可能会被看作是一个虚伪的人。

③中规中矩、不炫技。以平均的水平和正常的发挥，制作中规中矩、切合使用场景的 PPT 就可以了，特殊情况（如对外展示等）除外。

2、如何平衡额外工作与本职工作？PPT 是一个通用而又常用的技能，公司内各种求助不断怎么办？

答：有多大的格局，才能做多大的事业，有多大的担当，才能做出多大的成绩。所谓的本职工作，是基于企业的内部分工所设置的阶段性职责，并没有完全绝对的岗位界限，一切工作都是为了履行企业的使命。不要被岗位职责所限制，在完成自己的 KPI 且力所能及的情况下，对公司有意义、能给公司创造价值的事情都可以做。

3、对公司内哪些请求我可以提供帮助？肯定不能一概不理，也不能来者不拒，该怎么选择？

答：一个人应该有大格局、大担当，而不是做职场"老好人"，如果不懂得拒绝别人，说明你没有主见和原则。公司内部哪些 PPT 方面的需求应该被满足呢？公子的建议如下。

①直接领导或高级别领导基于公司业务的重要 PPT，可以帮忙修改或直接操刀。

②作为 PPT 高手参与多个部门负责重要任务的项目组，提供 PPT 技术支持或亲自操刀。

③不定期地集中同事，分享制作 PPT 的技能；或者对个别同事单独进行 PPT 技能辅导。

④点评同事的 PPT 作品，提出修改意见或建议。

⑤帮忙寻找 PPT 素材，包括从自己的收藏中寻找素材。

4、对大家的求助我该帮到怎样的程度？怎样才能既帮了别人，而又不会太影响自己？

答：懂得选择，才会游刃有余。对于大家的求助，要具体问题具体分析，不经分析满口答应肯定不行，立即停下手头的工作去帮助别人也不合适。

①对于同事或朋友的求助，先不要一口回绝，否则以后肯定没有朋友了。

②对于简单的问题或立即能够解决或答复的，可以立即给予协助。

③对于解决起来比较困难或暂时没有时间解决的问题，可以约定时间，晚点回复。

④提醒大家，切不可高傲到没有朋友，也不能充当职场老好人，丧失原则。

5、是否要坚持学习、研究 PPT 技能？ PPT 技能是否值得持续加强？

答：①一个人或许在某一方面略有小成，但一定要端正自己的态度，需要知道天外有天，人外有人。

②一个人如果停止了进步，那说明他已经老了，不管他是 20 岁还是 80 岁。

6、大家都称呼我为"斜杠青年"时该怎么办？"斜杠青年"是什么意思？这个称呼值得高兴吗？

答：首先，公子旗帜鲜明地反对被人称为"斜杠青年"。如何理解"斜杠青年"？在大家朦胧的印象里，"斜杠青年"可能指的就是"一专多能"、具有多重身份或兼职。一个人安身立命的根本，是斜杠前的"一专"，而不是斜杠后的"多能"。如果把成为"斜杠青年"当作目标来追求，什么都去尝试，可能什么都难以做成，因为人的精力是有限的，像达·芬奇那样的天才毕竟是凤毛麟角。只有懂得聚焦和专注，在一个领域内做到极致，拥有别人不可匹敌的核心竞争力，或成为职场中的难以替代者，才是我们应该追求的。

其次，制作 PPT 是职场必备技能，是个人核心竞争力的重要组成部分。千万不要因为自己 PPT 做得好，就害怕被贴上"斜杠青年"的标签，只要是为了履行岗位的责任、部门的职能乃至企业的使命，该学习的技能都要学习。况且，制作 PPT 是通用的、常用的、必备的职场技能。

1.6　如何通过 PPT 助推自己人生价值的最大化

几乎每一位职场人士都离不开 PPT，你是如何看待 PPT 的，喜欢？讨厌？还是爱恨交加？PPT 不仅是一个辅助表达的办公软件，更是一个可以助力职场发展、助推人生进阶的实用工具，PPT 到底能起什么作用就看我们如何去挖掘它的潜力了。

布衣公子自己的经历就是一个从偶然习得 PPT 技能，到实现人生逐步步入正轨的过程。公子出身寒微，成长之路颇多坎坷，但从 30 岁时人生终于出现转机。如果说进入外企担任 HR 是因为个人知识管理的功劳；那么后来进入上市公司担任企业文化经理就是 PPT 的功劳了。而后，PPT 在公子的人生当中渐渐占据了越来越重要的位置，成为个人核心能力中不可或缺的重要组成部分。

公子就结合自己的人生经历，从六大方面来聊一聊如何通过 PPT 来使自己的人生价值最大化，如图 1-5 所示。当然，每个人的情况都不相同，下述内容仅供参考，欢迎大家补充、批评、指正。

▲图 1-5

第一层助推：能力打造。

PPT 技能是通用的、常用的、必备的职场技能，是一个人核心能力的重要组成部分。你恨也罢，爱也罢，在工作中都离不开 PPT，越早学会 PPT，你就能越早受益，越早打破职场的枷锁，提升自己的竞争力。

PPT 做得好，并不仅仅是指 PPT 做得漂亮，其背后包含了你卓越的演绎、归纳、提炼和演示等逻辑思维能力与逻辑表达能力，而这些能力都是职场中必不可少的通用能力。

第二层助推：职场助力。

①因 PPT 获得心仪职位。2012 年，公子应聘企业文化经理这个职位的时候，与我竞争的是一位美丽的才女，我胜出的关键就在于我的 PPT 技能。

②因 PPT 成为重要人才。入职之后，我通过多次更新公司的 PPT 模板、丰富企业文化培训材料、优化校招宣讲 PPT 等将企业 PPT 的整体水平提升了一个档次，同时亲自操刀重要的 PPT，如股东大会 PPT、年会颁奖 PPT、战略规划白皮书 PPT 等，成为公司不可多得的特长型人才。

③因 PPT 减小了工作阻力。因为 PPT 做得好，在公司内部组织了多场 PPT 技能培训，给同事们解答了很多 PPT 技术问题，大家都熟悉我，增强了我的职场亲和力，减少了沟通成本，使得本职工作也更容易开展。

第三层助推：技能培训。

①技能过硬后，我成了公司内部的兼职 PPT 讲师，讲师费可以贴补生活。

②在业余时间且不影响工作的情况下，可在沙龙活动或其他企事业单位中分享 PPT 技能，获取可观的收益。

第四层助推：知识管理。

公子开始学习 PPT 技能就是源于以 PPT 的方式来实施个人的知识管理，并分享到网络，受到鼓励后持续坚持分享，从而在制作 PPT 方面独树一帜。

因此，公子建议大家利用好 PPT 这个工具，在自己的专业领域中将理论知识和实践经验定期固化成一个个 PPT 课件，随时在公司内部进行分享或在外部参与沙龙及行业交流，也可以分享到网络，成就个人品牌，实现知识变现。

第五层助推：品牌建设。

PPT 作为辅助表达、对外演示的工具，其视觉效果也体现了一个人的审美品位和对观众的态度，在商务场合，更代表了企业形象。

同时，通过精美的课件或企业宣传 PPT 能吸引大家的目光，使信息得到广泛的传播，对个人品牌或企业品牌的建设都有重要的辅助作用。公子个人就是通过分享系列化的 PPT 课件而被大家逐渐知晓，类似的案例还有"爱弄 PPT 的老范"。如果说公子是最擅长做 PPT 的 HR，那么老范就是最擅长做 PPT 的地理老师。

第六层助推：知识变现。

知识变现是一个时髦的词汇，免费分享逐渐式微。尴尬的是，因为付费时代的来临，你免费分享的东西可能会被别人毫不客气地拿走、堂而皇之地盗卖。

因此，以精美 PPT 形式所凝结的知识管理成果，若具有绝对的个人版权，可以分享到一些付费平台进行交易，获得的收益"每天给自己加个鸡蛋"还是可以的；如果你已经拥有了个人品牌，自带流量，还可以建立自己的专属网店。

最后，PPT 技能本身也是一个热门的话题，以此为基础，也可以经营自媒体平台，积累粉丝，实现流量变现。

1.7 制作优秀的 PPT 是一种怎样的体验

在很多人看来，PPT 做得好就是做得漂亮。公子认为，做得漂亮只是一个方面，其核心的价值在于辅助表达，促进信息的传达才是 PPT 的根本使命。

比如，用于汇报工作的 PPT，目的是让领导快速把握汇报人的工作重点、亮点，给自己争取一个好的绩效；用于培训的课件 PPT，目的则是让学员能够快速定位课程要点、关键点，弄清楚，搞明白；用于路演的 PPT，则是要辅助惊艳的演讲，在很短的时间内吸引投资者的眼球……

什么样的 PPT 才算是优秀的 PPT 呢？就是充分履行"辅助表达"使命的 PPT，公子用八个字来概括优秀 PPT 的特点：一目了然、赏心悦目，如图 1-6 所示。在内容上要做到"一目了然"，在设计上要做到"赏心悦目"。一目了然，就是要让观众能快速抓住表达的要点。赏心悦目，就是要能摆上台面，对得起观众。

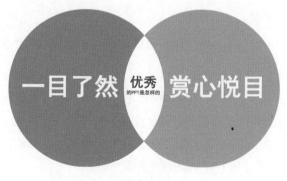

▲图 1-6

第 2 章
如何让 PPT 一目了然

如何让 PPT 一目了然？可以从 PPT 的整体大纲和页面设计两个维度来实现。整体大纲要逻辑清晰，分层、分类；页面设计要符合"瞟"的原理，关键内容突出、醒目，一眼就能瞟见。

2.1 整体：逻辑清晰，分层、分类

一堆石头不经过设计无法成为摩天大楼，盖房子需要先有框架，然后才能雕梁画栋。制作 PPT 和写文章也是一样，都要先在草稿纸上整理出大纲，而不是凭空想象，想到哪里做到哪里，那样效率会非常低。整理 PPT 的大纲有两个核心要求：通过清晰的逻辑把内容前后串起来；各模块的内容依据逻辑分层、分类、分章节，形成金字塔结构。

不仅是做 PPT，写文章、做汇报，都要先在草稿纸上画个大纲。一份设计好的 PPT 大纲如图 2-1 所示。

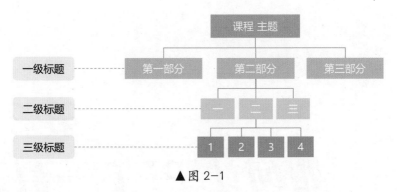

▲图 2-1

如何确定一个 PPT 的大纲呢？公子结合自己的经验总结了如下五个步骤：①确定中心议题；②确定逻辑关系；③确定细分内容；④内容分层、分类；⑤确定章节顺序。由于内容需要反复完善，因此这五个步骤实际上是一个不断循环的闭环流程，如图 2-2 所示。

▲图 2-2

（1）确定中心议题。

无论是商务汇报还是制作课件模板，**PPT** 的议题一定要从客户、市场、企业或岗位的需求出发，抓住痛点，体现价值。

（2）确定逻辑关系。

公子认为，将前后文的内容通过合理的关系连接起来，使其尽量符合人的认知规律，才能将信息准确地传递给对方。如同破案一样，将各种线索，通过内在的关系联系起来，真相自然会浮出水面，这其中的关系就是逻辑关系。因此，**PPT** 的大纲必须要可以通过内在的逻辑关系串联起来。

并列、递进、因果是三种典型的 **PPT** 逻辑关系，如图 2-3 所示。其中并列关系多用在汇报演示等商务类 **PPT** 中；递进关系、因果关系多用在技能教学、思路推演等课件类 **PPT** 中。三者对应的逻辑推演工具分别为归纳、模拟、演绎，如图 2-4 所示。

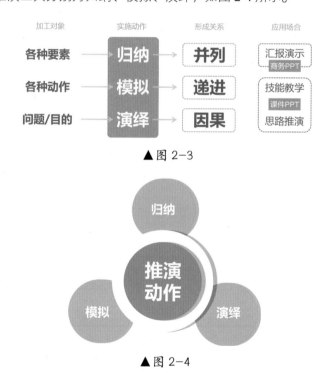

▲ 图 2-3

▲ 图 2-4

（3）确定细分内容。

以公子的经验，在面对一个 PPT 课题毫无头绪时，可以先不考虑划分章节，而是先将想要表达的内容罗列出来，想到哪里就写到哪里，以说服力作为是否保留该细分内容的标准。在不同的应用场合，说服力有着不同的含义，比如在述职报告中，你所选择的述职内容是否可以说服领导认同你的价值贡献？给你的绩效评个 A？

（4）内容分层、分类。

通过分层、分类，可以将细分内容划分到具体的章节中，如图 2-5 所示。

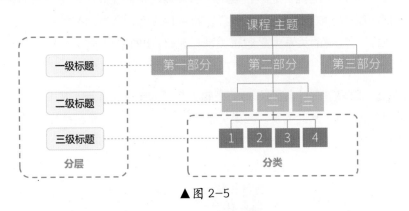

▲图 2-5

"层"是内容模块的级别，如物理学与力学，分层遵循的原则是"以上统下，层层分解"，即上一层包含了下一层的内容，下一层的内容隶属于上一层。

"类"是相似内容的综合，如仁、义、礼、智、信。分类遵循的原则是"相互独立，完全穷尽"，即同一类别中没有遗漏，不同类别间没有重复。

（5）确定章节顺序。

以时间、空间、重要性或推理过程来确定章节顺序。至此，大纲设计完成。

2.2 页面：图示化

地铁轰隆轰隆呼啸而过，乘客上车、下车不过是一瞬间的事，如果窗外的广告不能在一瞬间让观众瞟见要点，便是失败的广告。PPT 也是如此，这就是视觉呈现的"瞟"原理，要让观众最直接地获取所表达的信息要点，也就是"关键内容，一瞟就见"，如图 2-6 所示。

▲图 2-6

　　如何做到"关键内容，一瞟就见"呢？要将内容进行"一目了然"的设计，即将文字或数据加工、提炼后图示化呈现；将重点内容以视觉焦点的形式进行呈现；如有必要再进行动态化设计。公子总结了支撑"瞟"原理的"三化"工具，即内容的图示化、焦点化、动态化，它们在设计中的占比大约为 5 ∶ 3 ∶ 2，如图 2-7 所示。

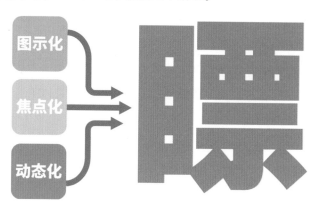

▲图 2-7

　　先说一说图示化。知道原理以后，该如何实现？使用什么工具？

　　"文不如字，字不如表，表不如图"是设计 PPT 中非常基础的知识，绝大多数人都懂，但是能够充分落实的人并不多。很多人还是习惯于像使用 Word 那样，把大段的文字放到页面上，这是 PPT 小白或"懒癌"一族比较喜欢的方式。

　　"文"是未经加工的大段原始文字。

"字"是经过概括、精简、压缩的文字。

"表"是包含数据的表格或信息图表。

"图"包括图片、图标、矢量剪影等。

"文不如字"指的是 PPT 忌讳大段文字的堆砌，比较好的做法是精简文字，突出重点，去除一些信息噪声。特别是对辅助演讲的 PPT 来说，更是要不停地对文字进行精简。

"字不如表"指的是用大段的文字来描述信息，不如将信息绘制成图表来得直观，这不仅仅体现在 PPT 方面，一切视觉呈现都符合这个原理。

"表不如图"指的是在某些场合，与其使用文字去描述，不如选择一张贴切的图片来表达，"好图胜千言"，图还包括图标、剪影等。

2.2.1 文不如字

风起于青萍之末，浪成于微澜之间。

文字和段落是组成 PPT 的基本元素，特别是当我们把 PPT 当作 Word 使用的时候。与文字、段落相关的操作技能是制作 PPT 最基础的技能，应用最为普遍，因此也非常重要。

1. 精简文字和提炼主题

大家见过最原始的 PPT 是什么样子的呢？公子相信应该是满页文字的 PPT。其实，原始不代表丑，做出原始的 PPT 的原因可能是还没有真正认识到 PPT 这个工具的价值，以为 PPT 这个软件不过是放大文字的工具。

PPT 展示的效果是随着时间的流逝不断迭代、提升的。今天的我们可能见识过了很多令人惊艳的 PPT，但 PPT 并非一开始就能做到这样的。

当 PPT 不再被当作文字放大版的 Word 之后，对文字和逻辑的要求就越来越严格了。公子认为，优秀 PPT 体现的是藏在 PPT 背后的制作者的内容提炼、逻辑设定、观点表述和视觉设计等综合能力。因此，PPT 做得好，说明你对所要展示的内容的理解很深刻。

当一个人现在还把 PPT 当作 Word 来用的话，他要么是在偷懒，要么是心有余而力不足，不知道该如何把握文字的逻辑，该如何提炼主题或精简文字。

PPT 做得好，功夫在 PPT 之外。逻辑思维能力和文字处理能力是一个人长期锻炼和培养才能得到的基本素养，很难一蹴而就。公子在这里是想谈一谈自己的经验，期望对大家有所启发。

图 2-8 的左图是在 2012 年制作的作品《04- 实用礼仪培训》的原始版本，整个作品没有明显的视觉焦点，主要内容是大段文字且缺乏重点，无论是讲述者还是观众都很难快速把握重点。而右图是在 2015 年优化后的版本，公子对原有的文字内容进行了梳理、总结和提炼，采用大字报的呈现方式营造了视觉焦点，使得要表达的重点内容更加醒目。

▲图 2-8

这是一个典型的优化多文字 PPT 的案例，我们借此案例来总结一下精简文字、提炼主题的方法。

精简大段文字的首要工作是提炼重点，这需要具备一定的文字功底。在公子早期的作品中，对大段文字只是采用"刷"色彩的方式强调重点，这是不仅不能突出重点，而且视觉效果也很差。

提炼大段文字的主题时，应该从以下角度思考。

（1）能否提炼出最核心的点？

（2）能否列举出各个小的要点？

（3）能否进一步梳理出各个点之间具体的逻辑关系？

（4）能否联想到具体的场景画面？

我们一起来看看优化后的版本。提炼出了最核心的点以后，对辅助内容进行了层次化的展示。配图符合了主题，但并不符合当前的场景，文字也不是特别有冲击力。

于是，更换为全图背景，将原有的最核心的点的文字及其色块扩大到页面边缘，使之更具视觉冲击力，让想要表达的内容能够更直观地被观众接收，如图 2-9 所示。

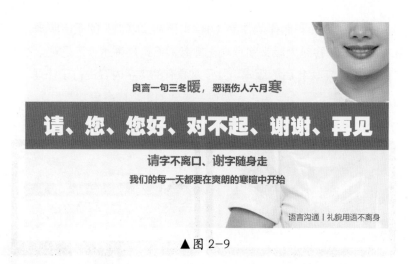

▲图 2-9

　　文字的精简与主题的提炼是设计 PPT 的前提和基础。通过上述案例，我们可以看到，可以通过提取关键词或删除冗余的词语提炼出文字最核心的点并理清各小点之间的逻辑关系。

　　提炼出最核心的点并理清各小点之间的逻辑关系后，设计 PPT 就容易多了。比如，对核心要点可以采用大字报的方式来呈现，借助图文混排型或全图型版式提升其设计水平；对已经梳理出明确逻辑关系的内容，可以采用图示化的方式进行呈现，具体操作是借助图表并辅以图标来提升其设计水平，如图 2-10 所示。

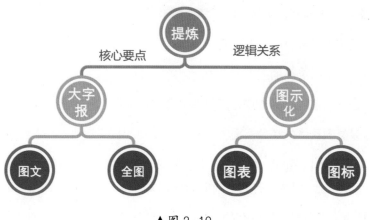

▲图 2-10

操作练习：请对图 2-11 所示的 3M 公司的简介提炼主题并精简文字。

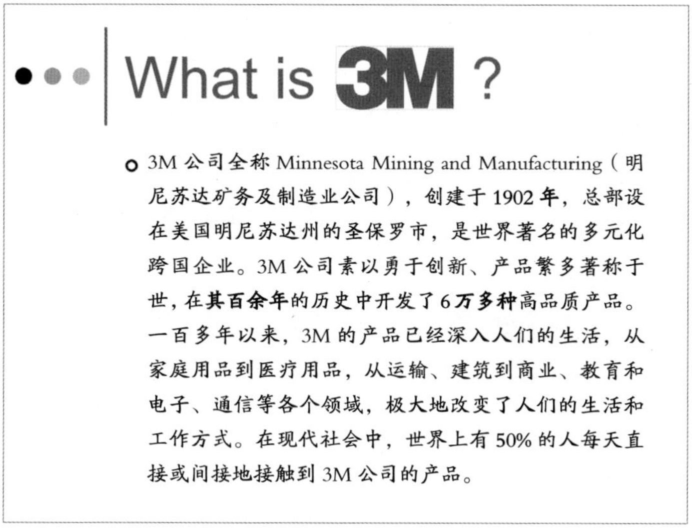

What is 3M ?

○ 3M 公司全称 Minnesota Mining and Manufacturing（明尼苏达矿务及制造业公司），创建于 1902 年，总部设在美国明尼苏达州的圣保罗市，是世界著名的多元化跨国企业。3M 公司素以勇于创新、产品繁多著称于世，在其百余年的历史中开发了 6 万多种高品质产品。一百多年以来，3M 的产品已经深入人们的生活，从家庭用品到医疗用品，从运输、建筑到商业、教育和电子、通信等各个领域，极大地改变了人们的生活和工作方式。在现代社会中，世界上有 50% 的人每天直接或间接地接触到 3M 公司的产品。

▲图 2-11

这是我偶然在网上搜集到的案例，被我多次应用于线下培训中。这是把 PPT 当作 Word 使用的典型案例。该如何提炼出最核心的点呢？公子建议从关键词入手进行总结，如 PPT 中已经加粗的一些数据。公子提炼的核心点如下。

【百年历史，跨国企业】3M 公司全称 Minnesota Mining and Manufacturing（明尼苏达矿务及制造业公司），创建于 1902 年，总部设在美国明尼苏达州的圣保罗市，是世界著名的多元化跨国企业。

【勇于创新，产品繁多】3M 公司素以勇于创新、产品繁多著称于世，在其百余年的历史中开发了 6 万多种高品质产品。

【领域宽泛，贴近生活】一百多年以来，3M 的产品已经深入人们的生活，从家庭用品到医疗用品，从运输、建筑到商业、教育和电子、通信等各个领域，极大地改变了人们的生活和工作方式。在现代社会中，世界上有 50% 的人每天直接或间接地接触到 3M 公司的产品。

在上述文字中我们可以看到，提炼的结果一般以小标题加文本内容的形式呈现。提炼完成后，我们再进行图示化设计就简单多了，可以直接套用或借鉴优秀 PPT 的排版方式，如图 2-12 所示。

▲图 2-12

2. 在 PPT 中输入文字

怎样在 PPT 中输入文字呢？公子在培训时多次遇到学员请教这个问题。在 PPT 中输入文字不像在 Word 中输入文字那样，在光标闪烁处直接输入就可以了。在 PPT 中输入文字的基本方法是依次单击【插入】→【形状】→【文本框】选项。因为这个功能的使用频率很高，建议将【形状】功能组添加到快速访问工具栏。

如果每次输入文字都要添加新的文本框，都要重新设置文字或段落的格式，将会非常麻烦且浪费时间。公子的技巧是把已有的、已经设置好文字、段落格式的文本框复制过来，修改文字即可。

3. 字体的选择

字体可以大致分为有衬线字体和无衬线字体，如图 2-13 所示。无衬线字体是 PPT 的首选字体，当然，这个并不绝对，近年来，有衬线字体的使用场合越来越多。

▲图 2-13

在商务型 PPT 中，推荐使用阿里巴巴普惠体，这个字体包含中文、西文样式，字形优美大方，免费，并且可商用。

决定文字的大小时，首先要考虑的是使用环境，如果需要将 PPT 投影在幕布或者屏幕上播放，建议正文的字号大于 14 号，同时对标题适当加粗、变大。

如果想要学习更多有关字体的知识，可以去阅读很多设计"大神"的分享，在网络中可以搜索到相关内容。当我们发现某个字体很漂亮的却不知道是什么字体时，可以截图到求字体网查找。

如果要找比较少见的英文字体，可以去 WhatFontis.com 这个网站，使用它的方法和使用求字体网的方法类似。

4. 默认字体的设置

为了设计的便捷，可以将最常用的字体设为默认字体。方法是依次单击【设计】→【变体】→【字体】→【自定义字体】选项，单击完成后弹出的对话框如图 2-14 所示。设置好默认字体后，每次制作新的 PPT 时再选择该默认字体即可。

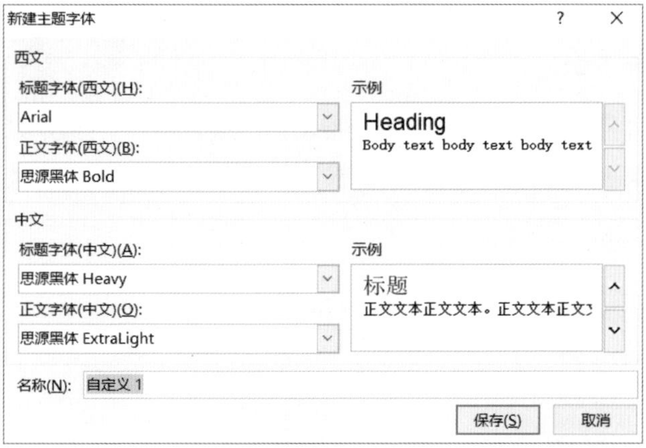

▲图 2-14

5. 保存特殊字体的视觉效果

打开 PPT 时，可能会看到图 2-15 所示的弹窗，这说明该 PPT 嵌入了字体，这给人的体验不太好。

▲图 2-15

如果收件人的计算机没有安装相应的字体，建议在发送 PPT 时将字体打包发送给收件人并通知收件人安装。如果仅是少量的文字（如标题）使用了特殊字体，可以采用如下两个方法保留字体效果。

（1）图形化：选中文字和矩形框，通过依次单击【合并形状】→【相交】选项将字体图形化。

（2）图片化：复制文本框，以图片格式粘贴。

6. 字体的安装与卸载

公子在现场培训中讲到字体相关的内容时，常有学员打断我，询问字体怎么安装。其实，安装字体很简单，将字体文件复制到 C:\WINDOWS\Fonts 文件夹即可（对于安装 Windows 7 及以上版本的 Windows 系统的计算机，右键单击字体文件，然后在弹出的菜单中单击【安装】选项）。

字体太多会影响工作效率，公子不建议在计算机中安装太多的字体，可以删除不常用的字体，等需要用的时候再安装。如何卸载字体呢？直接进入字体文件夹(C:\WINDOWS\Fonts)，右键单击相应的字体，在弹出的菜单中单击【删除】选项即可。

7. 字体的搜索与下载

去哪里下载字体呢？使用百度可以直接搜索、下载，但公子建议大家尽量到字体出版机构的官网下载，这样可以顺便了解字体的版权情况，如图 2-16 所示。

| 我的购物车（此购物车的字体用于个人非商业使用，授权期限为永久） | | | | | 购买商业授权请前往 商业授权咨询 |
字体名称	编码	单价	数量	小计	操作
☑ 方正黑体　免商业发布授权字体	大陆简体(GB2312-80)	￥0.00	1	免费	删除
☑ 方正仿宋　免商业发布授权字体	大陆简体(GB2312-80)	￥0.00	1	免费	删除
☑ 方正书宋　免商业发布授权字体	大陆简体(GB2312-80)	￥0.00	1	免费	删除
☑ 方正楷体　免商业发布授权字体	大陆简体(GB2312-80)	￥0.00	1	免费	删除
☑ 方正超粗黑	大陆简体(GB2312-80)	￥3.00	1	￥3.00	删除
☑ 全选　删除选中商品		已选 5 件商品　总价：￥3.00			去结算

▲图 2-16

8. 字体的版权

毫无疑问，无论是字体、图片还是文章，相应的版权在今天（2019 年）越来越受重视，比如，某著名字体供应商曾经起诉某知名游戏公司，并索赔 1 亿元（后来提升到 4 亿元，最后赔偿 145 万元），其起诉理由就是字体侵权。

如何理解商业用途呢？商业用途是指以营利为目的使用场景，最直接的体现是含有商业发布性质的使用行为，如在广告、海报、包装、书籍等印刷品中使用，在电视、电影、图片等媒体中使用，以及在软件、网站中使用等。

大家平时用于内部交流或学习研究时，版权方面的问题不大，但公子建议大家养成使用免费商用字体的习惯。有哪些可以免费商用的字体呢？首先，黑体、书宋体、仿宋体、楷体等大众一直使用的、通行已久的字体是免费并且可商用的，微软系统自带的黑体、书宋体、仿宋体、楷体等字体，微软公司已提前得到授权，我们可以放心使用。但需要注意，微软雅黑的商用版权依然属于方正公司。

最常用且美观、大方、可免费商用字体推荐以下几种：中文字体中的阿里巴巴普惠体、思源黑体与思源宋体、庞门正道粗书体、庞门正道标题体；西文字体中的 Lato & Lato Black、Gilroy light & Gilroy extrabold。

9. 基本的段落设置

PPT 中段落的对齐方式、缩进方式及间距的设置选项如图 2-17 所示。

段落的对齐方式建议选择【两端对齐】选项，这特别适合文字中含有数字、英文内容的情况。

行距建议选择【多倍行距】选项，修改数值为 1.2 ~ 1.3。

段落间距建议设置【段前】数值为 6 磅、【段后】数值为 4 ~ 6 磅，一般选择默认的 6 磅。

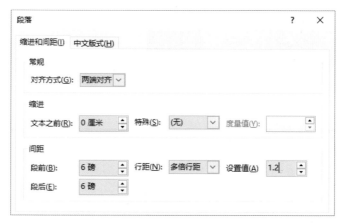

▲图 2-17

📋 小技巧

①用好格式刷可以让我们便捷地设置文字或段落的格式；②对于文字居中的标题，设置段落为居中对齐，这样调整文字内容后，标题依然是居中的。

还有一种使用场景要注意，当在圆中添加文字时，可能会出现文字不需要换行却自动换行的情况，如图 2-18 所示，这时应该怎么办呢？

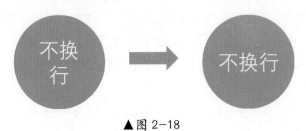

▲图 2-18

首先我们要知道文字为什么会自动换行。文字自动换行是因为文字边缘距离图形的边框默认有一定的距离。

如何让图形的文字容纳量大一些呢？可以将文本框属性的【左边距】【右边距】【上边距】【下边距】的数值都设置为 0，如图 2-19 所示。

如果文字不多，不想让文字换行，而是在一行展示。那么可以直接取消勾选【形状中的文字自动换行】复选框。

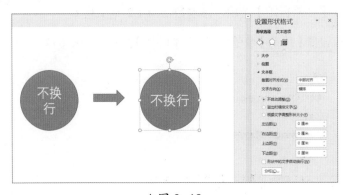

▲图 2-19

2.2.2 字不如表

当我们在网上搜索 PPT 模板时，可以看到许多模板都是由图表拼凑起来的，这可能会引起审美疲劳，但也从侧面说明了图表是信息图示化非常有力的工具。

使用图表依据的是平面排版中的亲密原则，即把内容梳理后进行归类，然后分组展示。如何归类、分组呢？把相互关联、意思相近的内容放在一起。归类、分组完成后，就可以很方便地套用图表或进行模块化设计。如果懂得这一点，信息的图示化就容易多了。

去哪里找到合适的图表呢？

大家可能会说，去网上搜索啊，或者查找自己计算机中的储备。但如果时间紧急，来不及查找图表素材，或者没有网络，计算机中又没有素材，这时该怎么办？

实际上，有时候与其急急忙忙地找图表资源，不如自己绘制或设计图表。正所谓"求人不如求自己"。

有的人可能会说："天呐，怎么能让我自己设计图表？我又不是专业的设计师！"

其实，有些困难是我们想象出来的。如果自己能够掌握快速绘制图表的技巧，这样的效率远比从网络搜集图表素材高。

1. 快速绘制流程图

绘制流程图最快速的方式是调用 PPT 自带的 SmartArt 工具。

很多朋友因为对 SmartArt 工具并不是很熟悉，所以遇到信息或观点的视觉表达需求时，并不一定首先想到 SmartArt 工具。其实，SmartArt 工具的功能还是比较强大的，比如，可以通过 SmartArt 工具来绘制流程图。

SmartArt 工具主要用于制作关系型图表，如列表、流程、循环、层次结构、关系、矩阵、棱锥等类型的图表。我们要根据逻辑关系来选择对应的 SmartArt 图表。

如何导入 SmartArt 图表呢？大家习惯的方法是依次单击【插入】→【SmartArt】选项，然后选择图表类型，输入文字。

实际上，先输入文字，再转换为 SmartArt 图表更为方便、快捷。方法是选中文字后依次单击【开始】→【转换为 SmartArt】→【其他 SmartArt 图形】选项，然后选择图表类型。比如，图 2-20 中流程图的类型为【重复蛇形流程】。

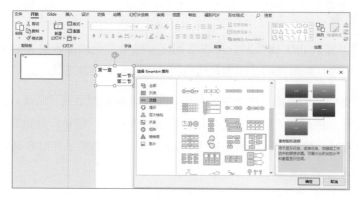

▲图 2-20

如果要修改文本的内容，可以先将图表转换为文本状态，修改完成后再转换回来。方法是先单击图表，然后依次单击【SmartArt 设计】→【转换】→【转换为文本】选项，如图 2-21 所示。

▲图 2-21

对于部分 SmartArt 图表来说，还可以通过拖动图表来修改图表的方向或布局。

使用 SmartArt 设计的图表，其颜色都是根据 PPT 当前的主题颜色自动匹配的。设计 PPT 需要保持风格的一致，而风格一致的关键在于配色一致。因此，如果图表不符合我们的配色要求，需要修改其色彩。

SmartArt 图表的颜色及大小（包括局部图形框的颜色和大小）都是可以修改的，只要单击选中具体的图形框，然后依次单击【格式】→【形状填充】或【形状轮廓】选项即可修改其颜色，用鼠标光标直接拖动控制点可以修改其大小。

当然，如果懂得如何使用主题颜色，可以提前设置好主题颜色，SmartArt 会自动匹配我们想要的颜色，非常方便，后文对使用主题颜色的相关技能将进行详细的描述。

2. 快速绘制组织结构图

在 PPT 中绘制组织结构图，当然还是使用 SmartArt 更为快捷。千万不要低估了 SmartArt 绘制组织结构图的能力。通过下面的案例我们会发现，绘制组织结构图不再需要使用原始的矩形框和肘形箭头了。

如何让绘制更快捷呢？同样是先在 PPT 中添加文本框，输入图 2-22 所示的文本内容。

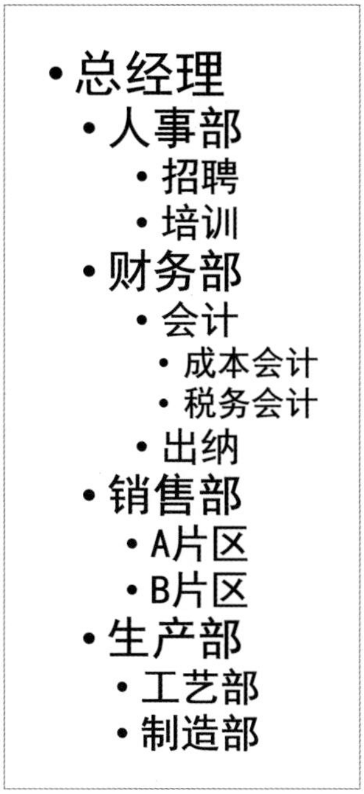

- **总经理**
  - **人事部**
    - 招聘
    - 培训
  - **财务部**
    - 会计
      - 成本会计
      - 税务会计
    - 出纳
  - **销售部**
    - A片区
    - B片区
  - **生产部**
    - 工艺部
    - 制造部

▲图 2-22

如何将文本输入成这个样子呢？输入文本后，在【段落】选项卡上单击一下【项目符号】选项，文本前面就有了小圆点。然后，敲击回车键，即可增加项目内容。将光标置于当前行文字的前端，敲击 Tab 键，可将当前项目移往下一层，按 Shift+Tab 组合键则可以将当前项目上移一层。

然后，选中文本后依次单击【开始】→【转换为 SmartArt】→【其他 SmartArt 图形】→【层次结构】→【组织结构图】选项，即可生成组织结构图，如图 2-23 所示。

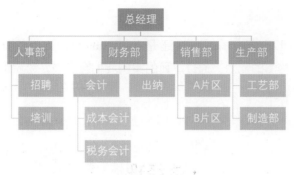

▲图 2-23

这个组织结构图似乎有点单调。可以先单击图表，然后依次单击【SmartArt 设计】→【更改颜色】选项，在弹出的页面中选择颜色风格，通过给不同层级设置不同的颜色，可以让组织结构图看起来更加清楚、明白，如图 2-24 所示。

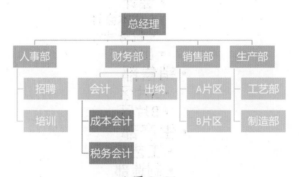

▲图 2-24

自动生成的组织结构图的分支的布局有的采用标准模式，有的采用悬挂模式，看起来比较乱。可以单击选中组织结构图中的局部图形，依次单击【SmartArt 设计】→【创建图形】→【布局】选项，在弹出的页面中调整布局方式，如图 2-25 所示。

▲图 2-25

比如，单击生产部，选择【布局】中的【标准】选项，就可以将生产部下方矩形的布局方式改为标准模式，得到的效果如图 2-26 所示。

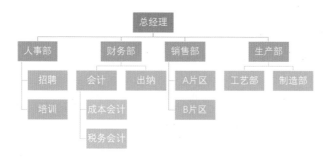

▲图 2-26

对 SmartArt 图形中的文字、图形可以进行个性化的调整，以满足表达的需求。单击具体的文本框后，在【格式】→【大小】中可以直接调整对应图形的尺寸，在【开始】→【字体】中可以调整文字的大小，调整后的效果如图 2-27 所示。

▲图 2-27

如果需要在总经理下方添加助理，可以先选中总经理，然后通过依次单击【添加形状】→【添加助理】选项来添加，如图 2-28 所示。

▲图 2-28

如果组织结构图有调整，可以先将其转换为文本状态，修改完成后再转换回来。方法是单击图表后依次单击【SmartArt 设计】→【转换】→【转换为文本】选项。

3. 将 SmartArt 图形变漂亮

很多人在制作 PPT 过程中需要用到图表时，总是第一时间寻找外部资源，因为他们觉得 PPT 自带的图表素材数量有限且都比较丑，实际上，最快捷的方式是从 SmartArt 图表中寻找图表并加以改造。

的确，直接插入的 SmartArt 图表看起来会比较丑，如图 2-29 所示。其实，这些图表是未经雕琢的璞玉，需要我们用自己灵巧的双手来改造它。

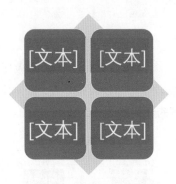

▲图 2-29

对 SmartArt 图表一定要改造，这怎么强调都不过分。对原本非常丑的 SmartArt 图表"略施粉黛"就可以将其变成"倾国倾城的绝色佳人"。

改造 SmartArt 图表的前提是懂得主题颜色的使用技巧，并且 PPT 已经选择了匹配的主题颜色，关于主题颜色的知识我们后面会讲。具备了上述前提，就可以给 SmartArt 选择一个符合 PPT 风格的色彩方案了，方法是先单击图表，然后依次单击【SmartArt 设计】→【更改颜色】选项，如图 2-30 所示。

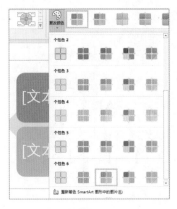

▲图 2-30

为了便于编辑文本，可以将原有的 SmartArt 图表打散后自由处理。方法是先单击图表，然后依次单击【转换】→【转换为形状】选项，如图 2-31 所示。

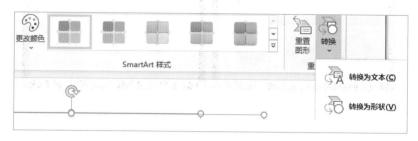

▲图 2-31

接下来，再选中取消组合后的图表的文本框部分。首先用鼠标右键单击文本框，然后依次单击【设置形状格式】→【大小与属性】→【文本框】选项，将文本框的上、下、左、右的边距都设置为 0，最后，给 SmartArt 图表添加小标题和文本内容。

改造完成的图表如图 2-32 所示，是不是漂亮了许多？这就是所谓的"玉不琢不成器"。

▲图 2-32

4. 图形的整齐排列就是图表

据说，有的 PPT 比赛不能自带素材入场，不能联网检索，以便考验一个人真实的审美水平和设计经验。很多人认为没有素材、没有图表，设计就无从谈起，事实并非如此。其实，把图形排列整齐就做出了一张图表。

图 2-33 中的《37- 企业战略管理》和《56- 探讨全图 PPT》这两份作品的目录图表就是采用三个圆等距排列的方式来设计的，简单而又直观，比直接罗列文字要好很多。当然，这需要对图形进行简单的再设计，比如在圆外面添加一个实线边框，在圆里面添加一个虚线边框，然后分别添加图标等。

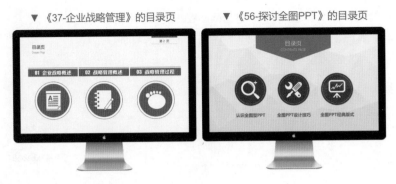

▲图 2-33

　　图 2-34 中《63- 改善永无止境》的目录页虽然也是图形的排列，但通过梯形的背靠背排列，给人的感觉比起圆形或矩形的直接排列要美观很多。

▲图 2-34

　　图形直接排列似乎有些单调，没有关系，我们稍微来点创新。比如，图 2-35 中的《48-PPT辅助技能》的目录页将矩形和三角形组合起来，是不是让人感觉更有设计感了？

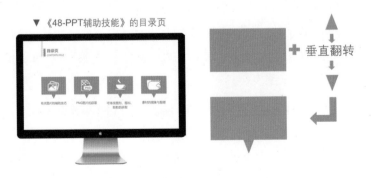

▲图 2-35

很多人一直到处找好看的图表，却忽略了 PPT 自带的个性化图形，如对话气泡、折角矩形、缺角矩形、立方体、圆柱形等。其实，用它们也可以绘制出效果非常棒的图表，如图 2-36 所示。

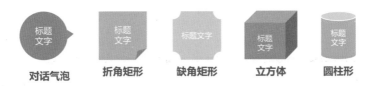

▲图 2-36

将立方体直接等距排列，再加上图标、标题的矩形条，就形成了非常流行的图表了，如图 2-37 所示。

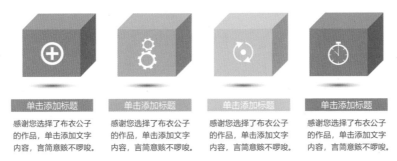

▲图 2-37

通过将 PPT 自带的几何图形进行等距排列，可以轻松制作出简单、美观的图表。

5. 图形的错落有致排列可以形成创意图表

如果将立方体进行错落有致的排列，如图 2-38 所示，便会使 PPT 具备了空间感，从而使图表告别单调、乏味的感觉。

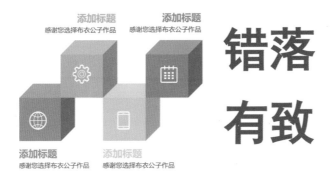

▲图 2-38

在图 2-39 中，《36- 激励方法集萃》和《47- 流行图表设置》这两份作品的目录页图表都是通过多个圆形的个性化排列来设计的。虽然是简单的圆形，但通过错落有致的排列，改变图形的大小，形成了简单而又直观的图表。

▼《36-激励方法集萃》的目录页　　　▼《47-流行图表设置》的目录页

▲图 2-39

这种错落有致的排列有规律可循吗，为什么会想到将图形进行这样的排列呢？这么设计的思路来自图 2-40 中的经典的齿轮图，这是一个将大小不一的同样的元素错落有致排列的典型案例，从而激发了我通过将图形错落有致排列进行设计的灵感。

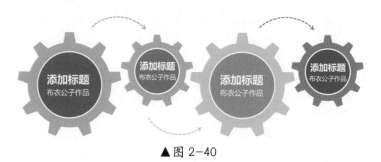

▲图 2-40

对图形进行错落有致的排列，不要仅仅局限于简单的圆形，还要利用图形自身的特点进行巧妙衔接，这样设计出来的效果毫无违和感，并且能避免单调，如图 2-41 所示。

▲图 2-41

当然，还可以尝试用其他方式进行排列，或将其他图形进行排列，这将会得到很多个性化的图表，如图 2-42 所示。

▲图 2-42

在图 2-43 中，我们将简单的矩形色块进行错落有致的排列以后，PPT 是不是也变得很有"感觉"了？这种感觉就是告别了单调以后的设计感。如果再辅以简单的直线箭头，还可以把图表变为包含递进关系的图表。

哪怕只是一点小小的创意，也会产生效果不错的设计方案。图 2-43 虽然是简单的三个圆凑在一起，但是也非常有设计感。

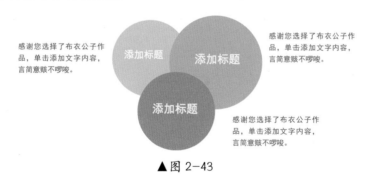

▲图 2-43

图 2-44 是一个将简单图形设置成不一样的大小，并错落有致地"凑"在一起的案例。这个图表既可以展示并列关系，也可以展示总分关系，其设计虽然简单，但并不单调。

▲图 2-44

对于一些个性化的图形，如对角圆角矩形、单圆角矩形、泪滴形等，通过复制、旋转或翻转并进行排列后，就形成了非常漂亮的"蝴蝶型图表"，如图 2-45 所示。

▲图 2-45

图 2-44 和图 2-45 中的图表，主要运用【格式】→【旋转】中的旋转工具及翻转工具进行设置，如图 2-46 所示。图 2-45 中的图表，通过先正向排列，再旋转即可得到。

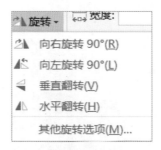

▲图 2-46

不知道大家在图表的图形上添加文字是怎样操作的呢？是额外添加一个文本框，还是先右键单击图形，然后在弹出的菜单中选择【添加文字】选项呢。

如果是新加一个文本框，编辑和移动都非常方便，但这也带来一个新的问题，就是相当于新加了一个图层，给排版布局增加了工作量，从而在无形中降低了工作效率。

因此，公子的习惯是通过先右键单击图形，然后单击【添加文字】选项的方式来添加文本。但对已经旋转的文本框添加文字时，会发现文字也跟着旋转了，这时应该怎么办呢？

这时，可以另外绘制一个矩形框，置于旋转图形的底层，先单击矩形框，再单击旋转图形，然后依次单击【合并形状】→【相交】选项，裁剪出新的图形，如图 2-47 所示。这个图形和被旋转图形的形状是一样的，但它已经不是被旋转的图形了，不信你输入文字试试看。

▲图 2-47

6. 通过巧妙拆分图形设计个性化图表

PPT 中的【合并形状】这个功能对我们来说已经不陌生，但很多人可能并不知道利用这个功能可以创造怎样的神奇效果。

图 2-48 的左图是《S004- 简约信息图 100 例》（布衣公子的收费作品）中的一个图表，右图是《S006- 工作计划通用》中的一个图表，这些图表是 SmartArt 图表所不具备的，这样的图表是如何设计出来的呢？可以自行手绘完成吗？如何手绘呢？

▲图 2-48

初步分析，图 2-48 左边的这个图表应该是一个正圆中间被割去三个同等高度的区域，使之剩下等距、等高的四个区域。基于这个判断，采取的方法并不是直接裁剪，而是先绘制好等距、等高的四个矩形，再绘制一个与左侧等高且对齐的圆，如图 2-49 所示。

▲图 2-49

重叠后，通过依次单击【合并形状】→【拆分】选项，从而得到目标图表，如图 2-50 所示。

▲图 2-50

利用这样的方法，还可以将正六边形拆分成矩阵式的图表，这个操作需要借助【公式形状】中的加号工具。首先通过依次单击【插入】→【形状】→【公式形状】选项画好加号，拖动其控点使其粗细符合要求，然后按住 Shift 键绘制一个正六边形并旋转 90°，重叠后通过依次单击【合并形状】→【拆分】选项即可得到目标图表，如图 2-51 所示。

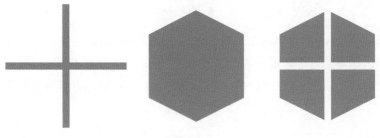

▲图 2-51

如果你觉得绘制加号比较麻烦，也可以直接绘制出拼凑成十字形的两个长条矩形作为裁剪的辅助图形。

图 2-49 中右图的图形是如何通过巧妙的裁剪得到的呢？这个图表看起来特征明显，应该是一个圆拆分成四份，但如何拆分？这个要好好思考一下了。

经过深入思考之后，绝妙的创意出现了。我们绘制四个矩阵排列的圆角正方形和圆形进行【合并形状】→【拆分】操作，即可得到目标图表，如图 2-52 所示。

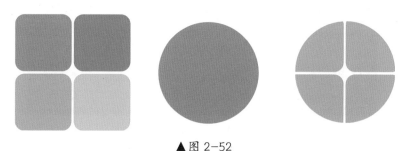

▲图 2-52

7. 巧用色块拼接制作大气实用的图表

公子小的时候，衣服不是买的，是母亲在集市买布找裁缝做的，每次做衣服都会剩下一些边角料，后来母亲用这些边角料给我做了一个漂亮的花书包，我就是背着这个花书包开始了我的求学生涯。而在 PPT 中，可以用色块拼接制作简单的逻辑图表，就像童年的花书包一样。

我们先看一下下面的案例。

图 2-53 中的左图是《S014- 商业计划通用》中的一个图表，右图是《S019- 百例商务排版》中的一个图表。有朋友质疑，这也能算图表吗？当然算，直接用色块进行巧妙的拼接，就可以设计出简单又大气的图表，国外的 PPT 作品较多采用这种设计，我们可以借鉴。

▲图 2-53

当然，你也可以说，这并不是图表啊，只是一种排版方式而已。这么说也没错，但这种排版方式有一个特点，就是将信息进行了模块化处理，这和图表对信息分类表述的性质一样。因此，将之归类为图表也未尝不可。

在图 2-54 中，我们将同等大小的色块居中分布、无缝拼接，以不同的颜色区分，就形成了简单、大气的展示并列关系的图表。

▲图 2-54

当然，我们还可以根据版式的要求，对色块进行拉伸等操作，可以将色块拉伸到幻灯片的边缘，甚至铺满整个幻灯片。

色块不仅仅可以并排放置，也可以进行矩阵式排列。当然，其排版是非常灵活的，可以辅以计算机样机、图片等，如图 2-55 所示。也可以将矩阵式排列的色块进行拉伸、平铺，直至铺满屏幕。

▲图 2-55

为了排版的灵活性，让简单的色块布局显得不单调，还可以在色块的下方辅以符合主题与场景的图片，当然，图片的放置位置是灵活的，放置在上、下、左、右或居中均可，如图 2-56 所示。

▲图 2-56

还可以采用图文结合的方式进行模块化设计，即将图表中的各项目内容以图片的形式展现，这也是非常直观和富有设计感的表现形式。色块式的图表当然也可以这样来设计，这也是欧美 PPT 作品常用的设计技巧，即所谓的欧美杂志风。当然，其设计的变化也是很丰富的，如图 2-57 所示。

▲图 2-57

进一步打开思路，将辐射式布局的色块融入图表的设计中，可以让 PPT 更有设计感，避免了简单色块并排放置产生的审美疲劳，如图 2-58 所示。

▲图 2-58

图 2-58 所示的图表可以表示 5 个项目类别，如果将版式对称变换一下，如图 2-59 所示，然后将两个页面结合起来使用，就可以表示 10 个项目类别，这也是跨页展示的一种图表类型。这种图表该如何设计呢？

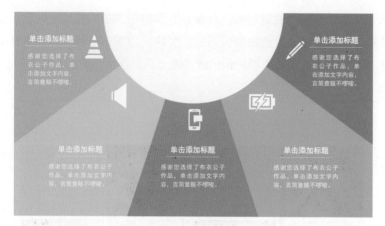

▲图 2-59

这需要我们动脑筋。因为公子对 **PPT** 非常热爱，所以，不局限于仅仅是把素材拿来就用，而是通过琢磨其背后的设计思路来提升自己。

有时候只要我们开始行动起来，答案很快就会出来了。经过思考、分析，这个 **PPT** 的设计其实很简单，就是将一个半圆五等分，放大覆盖整个页面，再与一个和页面等大的矩形对齐后实施【合并形状】操作即可，如图 **2-60** 所示。

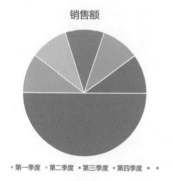

▲图 2-60

具体的设计步骤如下。

第一步，绘制图表。首先，依次单击【插入】→【图表】→【饼图】选项绘制圆环图，将数据扩充到 6 行，数值分别为 1、1、1、1、1、5，如图 2-61 所示。

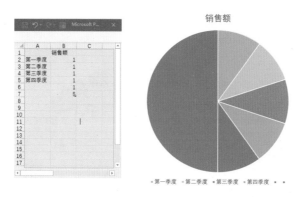

▲ 图 2-61

然后，先右键单击饼图，再在【设置数据系列格式】中将【第一扇区起始角度】的数值改为 270°，如图 2-62 所示。

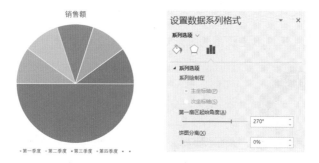

▲ 图 2-62

第二步，素材提取。选中饼图，按 Ctrl+X 组合键进行剪切后，再依次单击【开始】→【粘贴】→【选择性粘贴】选项，在弹出的窗口中单击【图片（增强型图元文件）】选项，然后单击【确定】按钮，如图 2-63 所示。最后，右键单击饼图，选择【取消组合】选项，再按住 Ctrl 键，选中上面的五个扇形和下面的半圆，复制到新的一页，以备后续使用。

▲ 图 2-63

第三步，合并形状。将取出的目标扇形组合后放大，然后将其与幻灯片页面大小的矩形进行【合并形状】操作即可，如图 2-64 所示。

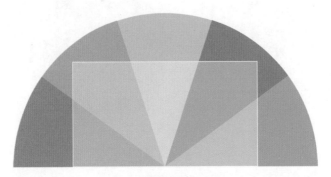

▲图 2-64

如此，我们又解锁了一项新的技能：巧用数据图表设计关系型图表。

8. 巧用数据图表设计关系型图表

可以借助数据图表获得想要获得的图形，下面以图 2-65 的案例强化一下这个技能。

▲图 2-65

第一步，绘制图表。首先，通过依次单击【插入】→【图表】→【饼图】→【圆环图】选项绘制圆环图，直接选中第一行数据后拖动鼠标光标，使得四行的数据一致，如图 2-66 所示。

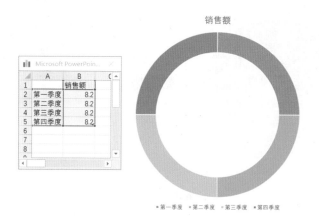

▲图 2-66

　　然后，右键单击圆环图，在【设置数据系列格式】中将【圆环图圆环大小】的数值改为 15%，如图 2-67 所示。

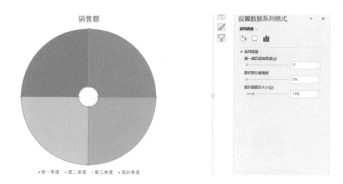

▲图 2-67

　　第二步，素材提取。选中圆环图，先按 Ctrl+X 组合键剪切，再依次单击【开始】→【粘贴】→【选择性粘贴】选项，在弹出的窗口中单击【图片（增强型图元文件）】选项，然后单击【确定】按钮。右键单击饼图，在弹出的菜单中单击【取消组合】选项，再按住 Ctrl 键，选中四个四分之一圆，复制到新的一页，以备使用。

　　第三步，排列组合。将提取出的四个四分之一圆，上下错位放置，再去除边框，就得到了案例中的形状，如图 2-68 所示，是不是非常简单呢？

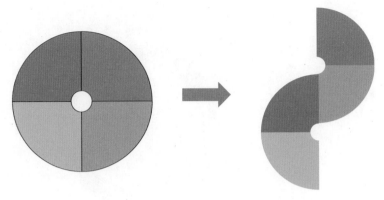

▲图 2-68

9. 临摹搜集到的 PPT 图表

当我们在网上搜集图表时，有时候搜到一些图表是图片格式的，这时是不是必须忍痛放弃呢？当然不是，如果喜欢，我们完全可以临摹出来，即便这个图表的预览图非常小（如图 2-69 所示），也没有关系。

如果预览图非常小，我们将图片放置到 PPT 中以后，需要把图片拉大以方便临摹。但是拉大以后会发现图片变模糊了，如图 2-69 所示。

▲图 2-69

模糊也没有关系，只要能够看清楚构成图表的图形是什么样子就可以了。我们先来分析一下，这些图形是否可以手绘出来。

经过分析发现，图 2-69 中的这页 PPT 完全是可以临摹出来的，并且操作非常简单。中间的圆形和长条箭头不需要多说了，使用 PPT 自带的图形进行制作即可。上、下的对话框效果虽然使用 PPT 自带的图形不可以实现，但是可以通过圆角矩形和三角形的组合来实现，操作起来也非常简单。

问题来了，如何让临摹更高效、更逼真？

小时候，我们将一张白纸蒙到书上，同时用夹子固定白纸和书，依葫芦画瓢临摹书中的插画，但是在临摹的过程中，白纸与书经常发生错位。

我们从这里可以得到灵感，完全可以采用同样的方法来临摹图表：将图片放在 PPT 中，直接在图片上手绘图表。但在临摹过程中同样也会存在不小心移动图片的情况，如何固定图片呢？

可以借助幻灯片母版这个工具。通过依次单击【视图】→【幻灯片母版】选项打开幻灯片母版，任选一个未使用的页面，删除软件自带的占位符，将原始图表的截图放到母版中，然后单击上方的【关闭母版视图】选项，退出幻灯片母版，如图 2-70 所示。

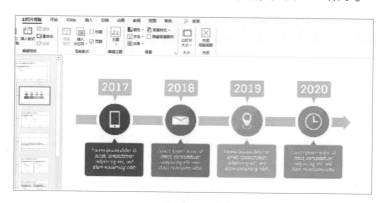

▲图 2-70

退出幻灯片母版后，右键单击当前页，在弹出的菜单中单击【版式】选项，选择放置了待临摹图表的那一页版式，如图 2-71 所示。这样就可以在上面"照猫画虎"，再也不会担心可能会移动底层的图片了，因为底层图片根本就动不了。

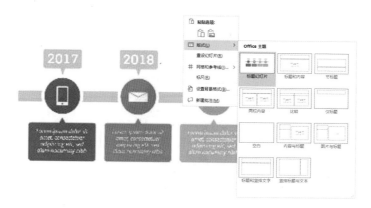

▲图 2-71

当然，制作完成后还需要使用【对齐】功能中的各个对齐工具进行修正，确保各图形之间整齐排列、等距分布。

图 2-72 就是临摹之后的效果。

▲图 2-72

通过这个案例可以发现，遇到心仪的图表时，纵使它是很不清晰的图片，也能通过自己的临摹和手绘，使之为自己所用。

接下来再看图 2-73 所示的案例。这是一个包含递进关系的矢量图表，是否可以通过 PPT 临摹出来呢？

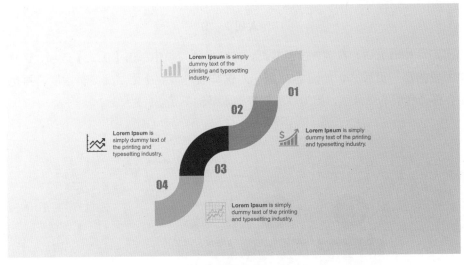

▲图 2-73

经过分析，我们发现这个图表实际上是由两组四分之一圆环所组成的，问题的关键在于如何制作四分之一圆环。

开动脑筋想一想，如何制作呢？

很多人可能绞尽脑汁也想不出来，这很正常，因为对应的技巧比较冷门。这个技巧是巧用数据图表中的饼图或圆环图来制作想要的图形。

在这个案例中运用的是圆环图。具体方法前面已有详述，完成这个案例的关键点在于将【圆环图圆环大小】的数值改为 50%，取其右下方和左上方的四分之一圆环进行组合，效果如图 2-74 所示。

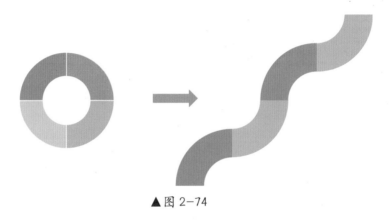

▲ 图 2-74

10. 通过矢量图表打开图表宝库的大门

制作 PPT 时，逻辑图表是极其重要的素材，我们一旦掌握了矢量图表的应用，就打开了图表宝库的大门。

将矢量素材引入 PPT 中进行应用已经不是什么秘密了。这些矢量素材包括但不限于：矢量图表、矢量图标、矢量人物、矢量插画、矢量版式等，矢量素材文件的后缀名一般是 .ai 或 .eps。

当然，不是每一种矢量素材都适合引入 PPT 中进行使用，也不是每一个矢量素材都可以使用。那种简单的、无阴影的、无渐变等设置的扁平矢量素材才适合导入 PPT 中使用，如果不符合要求，则需要在 Adobe Illustrator（后文简称 AI）中去除图形的渐变、阴影、透明、重合等效果。

因此，需要掌握一定的 AI 的基础操作技巧。

AI 对 PPT 的最大的贡献是架设了将矢量素材引入 PPT 的桥梁，这使得 PPT 可以和平面设计作品一样精美，一样紧跟美学的潮流。

我们的案例引用的是简单、扁平的矢量素材，具体的操作方法是：

（1）将 AI 或 EPS 格式的矢量素材导入 AI 软件。

（2）将选中的目标内容拖入 PPT（或剪切后在 PPT 中粘贴为图片格式）。

（3）执行两次取消组合操作，如图 2-75 所示。

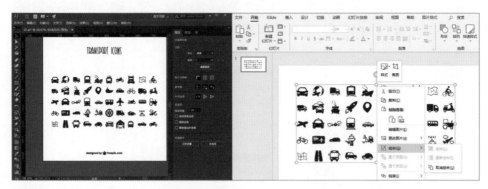

▲图 2-75

矢量图表的使用方法完全是一样的。图 2-76 是从网络上搜集的矢量图表。借助 AI 软件导入 PPT 后进行加工，就变成了图 2-77 所示的 PPT 中的循环图表。

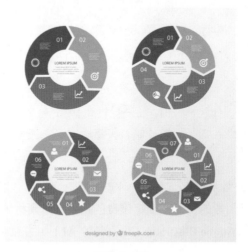

▲图 2-76

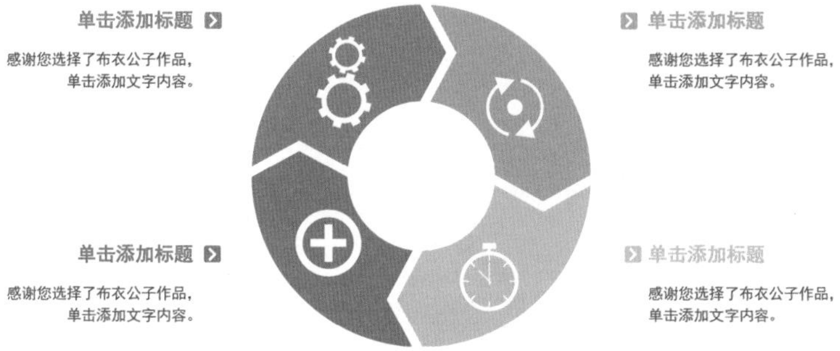

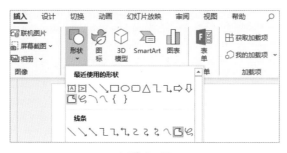

单击添加标题
感谢您选择了布衣公子作品，
单击添加文字内容。
单击添加标题
感谢您选择了布衣公子作品，
单击添加文字内容。
单击添加标题
感谢您选择了布衣公子作品，
单击添加文字内容。
单击添加标题
感谢您选择了布衣公子作品，
单击添加文字内容。

▲图 2-77

矢量素材是异常丰富的，因此，当我们学会使用 AI 软件为 PPT 引入矢量素材后，就给 PPT 设计打开了另一扇门。

去哪里找精美而又实用的矢量素材呢？常用的矢量素材网站有 Freepik、千图网、16 素材网等。当然，还有海量的其他网站，有待大家自己去挖掘。

11. 用任意多边形工具绘制图表标线

在 PPT 中，有些工具非常冷门，但是却有神奇的作用，不知道实在可惜。比如任意多边形工具，对大家来说可能很冷门，公子却经常使用。

让我们来认识一下任意多边形工具。可以通过依次单击【插入】→【形状】→【线条】选项找到任意多边形工具，如图 2-78 所示。

插入
设计
切换
动画
幻灯片放映
审阅
视图
帮助
联机图片
屏幕截图
相册
图像
形状
图标
3D 模型
SmartArt
图表
表单
获取加载项
我的加载项
加载项
最近使用的形状
线条

▲图 2-78

使用任意多边形工具绘图的要点如下。

（1）按住鼠标左键移动鼠标时，系统可以忠实地记录鼠标光标移动的轨迹线。

（2）画直线时要在起点、拐点和终点处单击左键，在鼠标光标移动时则松开左键。

（3）当终点和起点重合时，线条会连接成为一个封闭的图形。

给图表添加标线或引线会使得图表的文字说明与目标指向更加明确，且图表的设计更加美观和精致，如图 2-79 所示。这种带弯的标线是如何绘制的呢，是直线拼起来的吗？当然不是，这里使用的就是任意多边形工具。

▲图 2-79

12. 使用任意多边形工具绘制阶梯图表

图 2-80 是一种很有特色的阶梯图表，可以展示业绩逐年递增的企业发展时间线。问题来了，这里面的阶梯折线是如何绘制的呢？是直线拼接成的吗？

如果是直线拼接成的，那微软 Office 的能力未免太弱了。这里我们使用的依然是任意多边形工具，只不过借助了网格线工具。

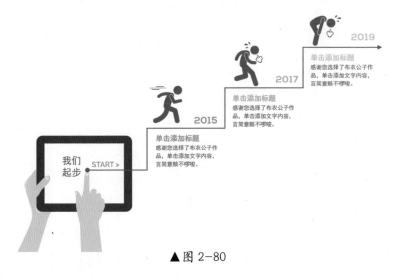

▲图 2-80

具体的操作方法如下。

首先，勾选【视图】→【网格线】前面的复选框以显示页面的网格线，以方便绘图时定位。

然后，选中任意多边形工具，按住 Shift 键确保线条绝对水平或垂直，如同绘制标线一样，按照阶梯的轨迹就可以绘制出阶梯折线图了。

最后，选中折线图，依次单击【格式】→【形状轮廓】选项，结合 PPT 的整体风格，设置折线的颜色、粗细以及首尾箭头的效果等，如图 2-81 所示。

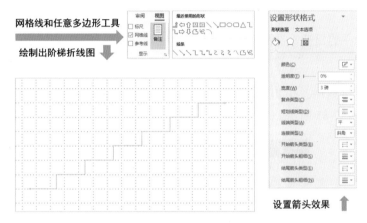

▲图 2-81

13. 优化数据图表

数据图表是 PPT 的重要组成部分，但是应该如何优化数据图表呢。优化数据图表，不仅要基于漂亮的目的，还要基于辅助信息表达这个根本目的。

可以从四个方面来优化数据图表，具体包括凸显、美化、创意、智能。

凸显：去除信息噪声，强化视觉对比。

美化：让数据图表看起来更漂亮，更赏心悦目。

创意：避免千篇一律的设计，让人眼前一亮。

智能：让图表更加智能地满足要求。

优化图表是需要灵感的，如果一时没有灵感，可以多找优秀的图表案例来借鉴。在临摹精品图表时，要灵活操作，不一定非得通过数据图表的设置来实现，通过手绘完成视觉上的数据呈现也可以。

图 2-82 就是布衣公子在早期临摹的作品，通过两个圆弧实现图中左侧图表的样式。

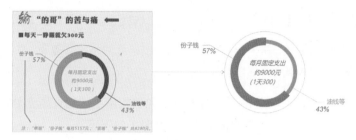

▲图 2-82

随着技能水平的提升，是否可以直接基于数据设计出图表呢？当然可以，请大家跟着公子一起试试吧。

第一步：框选数据。在 PPT 中添加圆环图，在编辑数据状态下，选中第一季度和第二季度的数据，如图 2-83 所示。

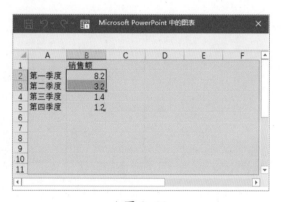

▲图 2-83

第二步：设置公式。将第二季度的值设置为 57%，第一季度的值设置为 =1-B3，如图 2-84 所示。

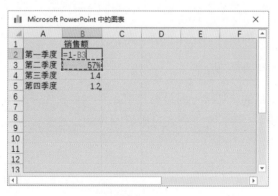

▲图 2-84

第三步：把圆环变细。右键单击图表，在弹出的菜单中单击【设置数据系列格式】选项，将【圆环图圆环大小】的值设置为 90%，如图 2-85 所示。

▲图 2-85

第四步：设置色彩。根据需要，分别设置圆环两部分的颜色，如果图表的默认颜色（即主题颜色）符合当前 PPT 的颜色设置，则不需要修改颜色。

第五步：设置粗环。设置 57% 部分的边框颜色与圆环一致，【宽度】为 20 磅，【连接类型】为圆角，如图 2-86 所示。

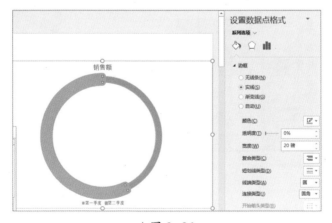

▲图 2-86

第六步：深入美化。利用任意多边形工具设置数据标线，并补充其他如外层圆环的细节设置。最终效果如图 2-87 所示。

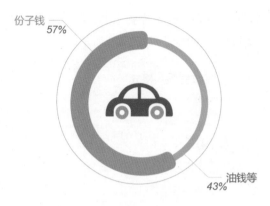

▲图 2-87

这是一个典型的、通过临摹来优化数据图表的案例，期望能给大家带来启发。

14. 用"错位数据源法"实现"总—分"样式的柱形图

相信大多数人最常用的数据图表类型是饼图和柱形图。然而，普通的饼图和柱形图已经让大家审美疲劳，如何让图表更有创意，这是我们需要考虑的问题。在公子的学员群里，有一位学员尝试设计了"总—分"样式的柱形图，效果如图 2-88 所示。这是很有创意的图表样式，可以满足很多场景的需求。

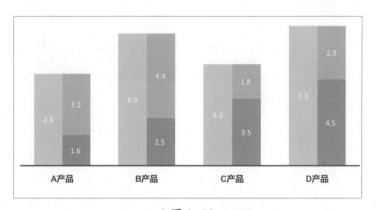

▲图 2-88

这样的图表应该如何制作呢？下面，我们介绍一种非常简单的制作方法——错位数据源法。使用错位数据源法可以实现这个效果，具体操作过程如下。

第一步，插入堆积柱形图。依次单击【插入】→【图表】→【柱形图】→【堆积柱形图】选项，如图 2-89 所示。

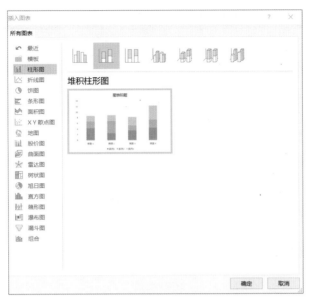

▲图 2-89

第二步：设置数据。图 2-90 是插入堆积柱形图时的默认数据。

	A	B	C	D	E	F	G	H
1		系列 1	系列 2	系列 3				
2	类别 1	4.3	2.4	2				
3	类别 2	2.5	4.4	2				
4	类别 3	3.5	1.8	3				
5	类别 4	4.5	2.8	5				
6								
7								
8								
9								
10								
11								

▲图 2-90

将其修改为图 2-91 所示的效果，即数据源的错位展示，其中总数据可以通过 sum 公式
设为分数据之和。

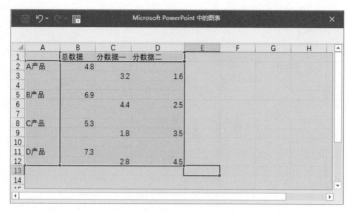

▲图 2-91

此时，堆积柱形图的效果如图 2-92 所示。

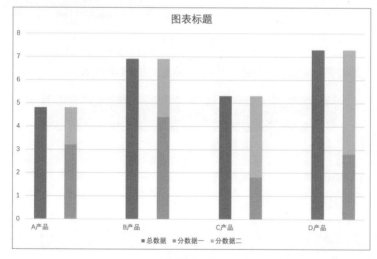

▲图 2-92

第三步：美化图表。右键单击柱形图的柱形部分，然后单击【设置数据系列格式】选项，将【间隙宽度】的数值调为 .00%，如图 2-93 所示。

▲图 2-93

调整后的效果如图 2-94 所示。

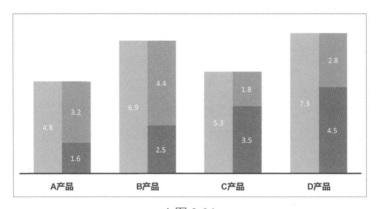

▲图 2-94

最后，通过添加数据标签，设置数据标签的色彩和大小，调整坐标轴，删除网格线、图表标题等美化操作后，即可得到最终效果。

15. 增强对比效果的几种方法

那些看起来很酷的图表酷在何处？酷是指在视觉上的对比更鲜明，它们是如何实现的呢？公子希望用以下案例抛砖引玉。具体的设置细节前文已多次介绍，此处不再赘述，重点讲述设计思路。

（1）非字型对比图表的设计。

这是在一次提供订制服务时根据客户的要求，公子琢磨出来的方法，其重点在于：①设置【系列重叠】的数值为 100%；②设置系列 1 或系列 2 的数值为负数；③修改负数的显示效果（将负数的颜色自定义为黑色），设计过程如图 2-95 所示。

如何快速设置其中的一列数值为负数？在其他空格填上 "-1"，并复制它，然后选择准备设置为负数的列，右键单击图表，依次单击【选择性粘贴】→【乘】选项即可。

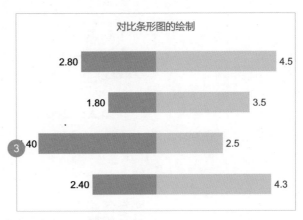

▲图 2-95

如何修改负数的显示效果呢？选择负数中无括号、无负号的数字，因其是红色的，将下方【格式代码】中的【红色】改为【白色】，再单击【添加】按钮即可，如图 2-96 所示。

▲图 2-96

（2）直观展示瓶装效果的对比。

这种图形体现当前数据与总数据的对比，其设计要点是：①插入图表并修改颜色，主数据部分用彩色显示，辅助数据（也就是总数据）部分用浅灰色显示；②删除不必要的内容；③设置柱形图 100% 重叠；④修改数据。设计过程如图 2-97 所示。

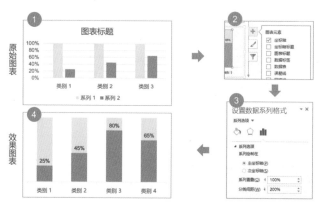

▲图 2-97

（3）使用图形填充图表。

这种图表比管状填充柱形图更为形象，它是在管状填充柱形图的基础上完成的。首先，准备好两个长宽比一致的人物剪影，并事先设置好管状填充柱形图。然后，按如下步骤操作：①选择图形，按 Ctrl+C 组合键复制，选择柱形图，按 Ctrl+V 组合键粘贴；②设置填充模式为【层叠】；③调整分类间距，直至人物剪影显示完整，经测试确定间隙宽度为 59%。设计过程如图 2-98 所示。

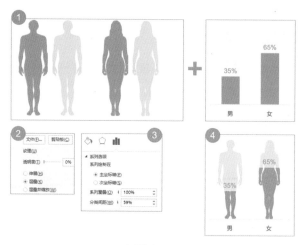

▲图 2-98

还可以在此设计的基础上进一步拓展，设计出图 2-99 所示的效果，粘贴图标或 PNG 格式的图片时，设置填充模式为【层叠】即可。

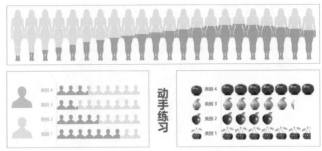
▲图 2-99

（4）镂空圆环图以强化视觉对比。

圆环图也可以设计成类似柱形图那种当前数据与总数据进行对比的效果，即镂空效果。设计过程如图 2-100 所示。

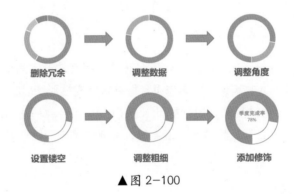
▲图 2-100

（5）使用图标直观展示百分比。

这种设计效果更加直观，临摹自网上的矢量素材。如果想要将其设计成随数据自动变化的图表，也可以实现，但操作起来比较困难。因此，建议大家借助 iSlide 插件来实现这个效果。使用 iSlide 插件的矩阵布局工具，设计 100 个图标，然后设置色彩，设计参数如图 2-101 所示。

▲图 2-101

（6）设计创意图表。

可以直接将实物设计为图表的各个模块，以便使信息表达更直观，使图表更具视觉冲击力。最终效果如图 2-102 所示。

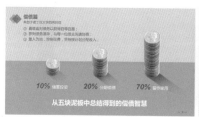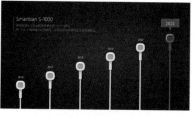

《51-巴比伦富翁的理财课》　　　　　　阿文《锤子手机情怀ppt模板》

▲图 2-102

（7）设计让最值自动凸显的智能柱形图。

该设计方案需要利用 IF 函数。先设置数据，再设置图表格式。

第一步：设置数据。①设置系列名：将系列 1 到系列 3 改为主数据、凸显最值和辅助最值；②框选范围：拖动控点选择前两个系列的数据；③设置公式：凸显数值列的公式为 =IF(B2=D2,B2,NA())，辅助最值列的公式为 =MAX(B$2:B$5)，具体如图 2-103 所示。

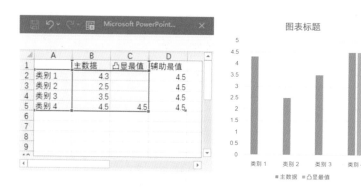

▲图 2-103

第二步：设计图表。①右键单击柱形图，设置系列重叠和间隙宽度均为 100%，如图 2-104 所示；②设置要凸显最值的柱形显示为彩色，其他柱形显示为灰色；③添加数据标签，其中彩色柱形的数据标签设置为个性形状；④优化图表。

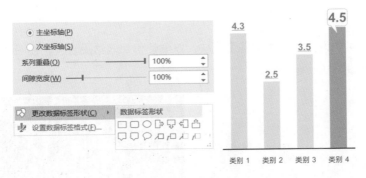

▲图 2-104

16. 使用折线面积图让表达更厚重

可以通过图表的组合来设计更有创意、对比效果更明显的图表。比如，可以用面积图和带数据标记的折线图制作带数据标记的折线面积图。

关键的知识或技能有两点：①组合设计，懂得用组合设计实现单独图表无法完成的效果；②格式设计，对面积色块、折线线条及数字标记进行格式设计。

第一步：绘制组合图表。依次单击【插入】→【图表】→【组合】选项，选择系列 1 为面积图，系列 2 为带数据标记的折线图，如图 2-105 所示。

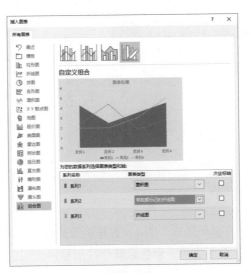

▲图 2-105

第二步：编辑数据。右键单击图表，在弹出的菜单中选择【编辑数据】选项，删除系列 3，将系列 1 的名称改为"辅助"，将系列 2 的名称改为"产品 1"，各类别改为各月份，并输入数据，具体可以参考图 2-106 中的数据。为方便以后修改使用，可设置辅助列的数据与产品 1 列的数据相同，详见图 2-106。

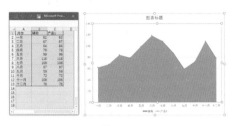

▲图 2-106

第三步：设置面积图的颜色。双击图表中的面积区域，会跳出【设置数据系列格式】窗格，单击油漆桶图标，设置主题颜色为比原有默认颜色更浅一些的颜色，如图 2-107 所示。

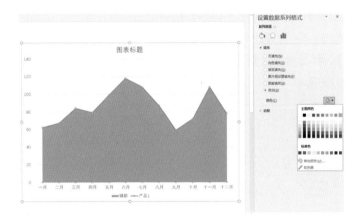

▲图 2-107

第四步：设置折线图的格式。单击图表中的折线，单击油漆桶图标，依次设置折线的线条及标记格式：①设置线条颜色及宽度；②设置标记的样式及大小；③设置标记的填充色彩；④设置标记边框的颜色及宽度（与线条相同），如图 2-108 所示。

▲图 2-108

接着单击折线，选择效果选项（正五边形图标），给折线添加阴影效果，微调参数如图 2-109 所示。

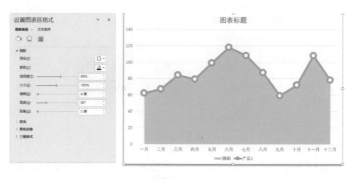

▲图 2-109

第五步：添加数据标签。右键单击折线，在弹出的菜单中单击【添加数据标签】选项，即可为图表添加数据标签。同时，单击已经添加的数据标签，单击左侧的【标签选项】选项，设置【标签位置】为【靠上】，并适当设置数字的字体、大小和颜色。至此，已经完成了全部的设计工作，最终效果如图 2-110 所示。

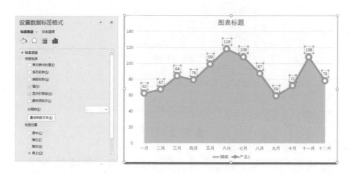

▲图 2-110

图 2-111 是两组数据的组合设计，采用两个"面积图与带标记的折线图组成的图表"组合而成。

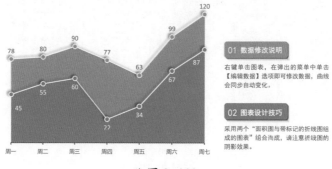

▲图 2-111

2.2.3 表不如图

"表不如图"指的是在某些场合，与其使用表格绞尽脑汁地去展示，不如选择一副贴切的图片来表达，因为"一图胜千文"。图不仅指图片，还包括矢量图标、矢量插画等。

1. 好技巧不如好图片

如今，智能手机的拍照功能和对照片进行优化的能力都非常强大，使用手机拍出来的照片几乎可以媲美使用专业相机拍出来的照片。因此，网络中的图片空前繁多，选择好的图片往往胜过好的设计技巧。该如何选用图片呢，公子总结了以下几个原则。

（1）主题鲜明。主题鲜明的图片指的是内容与主题相匹配、寓意与主题统一、有着较高辨识度的图片。图 2-112 中的图片就是与"健康饮食"这个主题相匹配的图片集锦。

如同一个人如果没有鲜明的特征就不容易被别人记住一样，图片如果没有鲜明的特征，也不容易令人印象深刻。因此，平时搜集图片时，对那些主题鲜明的图片一定要保存下来，因为它们很有用。

▲图 2-112

（2）高端大气。很多 PPT 制作者最头疼的就是听到领导说"我需要的是高端大气的 PPT"。何为高端大气？如何制作高端大气的 PPT？这个问题很难用一句话解释清楚，但是，可以通过使用高端大气的图片来部分实现高端大气的效果。

展示宇宙、山川、河海、城市等内容的格局宏大的图片通常可以被认为是高端大气的图片，因为宇宙的无限邈远、山川的险峻雄伟、河海的奔腾不息和城市的霓虹璀璨等内容，传达出的含义不同凡响，如图 2-113 所示。

▲图 2-113

（3）"人美景秀"。美好的事物能够吸引读者的目光，这应当是永恒不变的规律了。因此，选用图片时要用"能打动人心"这个标准来寻找最合适的图片，如图 2-114 所示。

▲图 2-114

（4）3B 原则。此原则是广告大师大卫·奥格威提出来的，3B 指 Beauty（美女）、Beast（动物）、Baby（婴儿），也被称为 ABC 原则，即 Animal（动物）、Beauty（美女）和 Child（婴儿），这三类内容最容易吸引读者注意，得到读者的喜欢，如图 2-115 所示。

▲图 2-115

（5）自然律动。与宇宙山川等带给我们格局宏大的感觉不同，一些体现大自然蓬勃生机的照片会向我们传达生命的美，让我们更加热爱生活，更加享受这绚烂多彩、五彩缤纷的世界，如图 2-116 所示。

▲图 2-116

（6）高清、文艺。高清就不用多说了，如果图片模糊不清、分辨率不高，尽管与主题比较匹配，但还是应该忍痛割爱，否则会拉低 PPT 的整体质量，多年来公子就是这么坚持的。

文艺类的图片以前也被叫作"小清新"类的图片，这些图片的特点是大多经过特殊的光影处理，很有意境，很唯美。大名鼎鼎的无版权要求的图片网站 pexels.com 中的图片基本都是这种风格的，如图 2-117 所示。

▲ 图 2-117

（7）小心版权。在商务场合使用的 PPT，一定要注意所使用图片的版权，牢记经典的无版权要求的网站：Pixabay、Pexels、Unsplash，本书所使用的图片几乎全部来自这几个网站，如图 2-118 所示。

▲ 图 2-118

2. 图片的搜集与版权合规

PPT 的设计基本上离不开图片。比如，企业介绍、产品推广、品牌宣传、入职培训等类型的 PPT，都需要使用图片。

在 PPT 中使用的图片可以分为两大类：一类是公司自己拍摄的图片，如展示工厂外景、办公环境、产品图册、员工风采等内容的图片；另一类是从网络下载的图片。从网络下载图片时一定要注意：绝不要在搜索引擎中寻找图片，这类图片包含极大的版权风险。下载图片一定要选择知名的网站，看清楚网站对图片的版权声明及授权使用范围、期限等，平时要养成使用无版权、可商用图片的习惯（具体网站前面已经提供），如果是公开商用的 PPT 需要使用收费的图片，务必从正规渠道购买图片。

3. 图片的裁剪和压缩

对图片进行裁剪和压缩是非常必要的。我们可以通过裁剪来选取图片的部分区域，选中图片后，单击右上方的【裁剪】选项，然后就可以裁剪图片了。我们不仅可以直接拖动边缘来裁剪图片，还可以选择将图片裁剪为个性化的形状或特定的比例。

此时裁剪图片，仅是将未被选中的边缘区域隐藏起来，如图 2-119 所示。我们可以通过压缩将边缘删除，避免 PPT 太过臃肿。

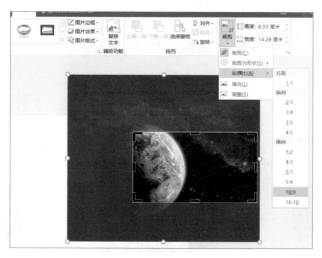

▲ 图 2-119

选中图片后，单击【压缩图片】选项会弹出图 2-120 所示的对话框，可以根据需求确定【压缩选项】和【分辨率】的具体设置。

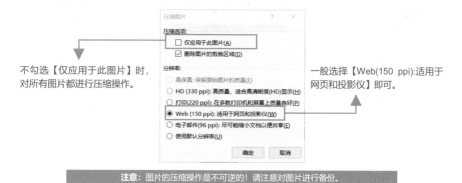

▲ 图 2-120

4."黑科技"：图片互裁

早期版本的 PowerPoint 是无法裁剪图片的，2013 及以后版本的 PowerPoint 增加了非常强大的【合并形状】功能，使得图片裁剪变得非常容易。

PPT 中的【合并形状】功能又叫布尔运算，其实就是对所选的形状进行布尔运算，以得到不同的形状，具体有以下 5 种类型：联合、组合、拆分、相交、剪除。它们的运算效果如图 2-121 所示。

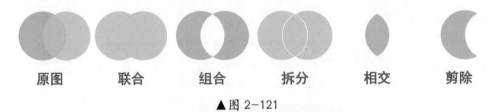

原图　　　联合　　　组合　　　拆分　　　相交　　　剪除

▲图 2-121

利用【合并形状】功能，通过将形状与图片重叠，先单击图片，再单击图形，然后依次单击【合并形状】→【相交】选项，即可将图片裁剪为图形的形状。可以使用同样的方法，使得图片互相裁剪，如图 2-122 所示。

▲图 2-122

这是公子偶然发现的"黑科技"，为什么这样说呢？因为需要先将【合并形状】功能添加到快速访问工具栏上，之后才能调用。

图片互裁这项"黑科技"究竟有什么用呢？

公子认为，它的作用主要是让人在套用模板的时候能够方便地替换图片。图 2-123 是一组设置了个性化的形状、格式、动画的模板素材，如何替换图片才能确保纵横比不改变、图片不失真且保留边框格式和原有的动画效果呢？

▲ 图 2-123

大家套用模板的时候是如何替换图片的呢？如果模板已经设置了图片占位符，自然非常方便，如果没有设置图片占位符，该如何替换？

替换图片的一般方法是先右键单击图片，然后在弹出的菜单中依次单击【更改图片】→【来自文件】选项，在弹出的对话框中选择计算机中的图片替换原始图片，如图 2-124 所示。

▲ 图 2-124

但有一个问题，替换后图片的长宽比发生了变化，影响了原始图片的美感。该怎么办呢？裁剪图片使其长宽比与原图片一致就可以了。

如何裁剪为一致呢？最简单的方法是利用图片互裁功能，直接将准备替换的图片和原始图片进行裁剪，然后另存到桌面上，最后通过上面的方法替换。使用这种方法替换图片还有一个好处：保留了原始图片的所有样式，包括边框、阴影、动画等。

5. 如何将一张图片三等分

第一步，将图片复制到当前页，依次单击【插入】→【表格】选项，插入一个一行三列的表格，然后拖动控点使之和图片一样大。注意，表格是直接在图片上绘制的，以方便调整大小，图 2-125 分开仅是为了便于演示。

▲图 2-125

第二步，单击图片，复制图片（这一步很重要），再单击图表，然后按 Ctrl+A 组合键全选表格，用鼠标右键单击，依次单击【设置形状格式】→油漆桶→【填充】→【图片或纹理填充】→ 插入图片来自【剪贴板】选项，并勾选【将图片平铺为纹理】复选框，最终效果如图 2-126 所示。

▲图 2-126

第三步，右键单击图表（注意是右键单击图表边缘），依次单击【剪切】→【开始】→【粘贴】→【选择性粘贴】→【图片（增强型图元文件）】→【确定】选项，然后再次右键单击，依次单击【组合】→【取消组合】选项，神奇的事情发生了，图片已经被裁开了，并被平均分成了三份，效果如图 2-127 所示。

▲图 2-127

　　可以采用同样的方法将一张图片裁剪为和 PPT 一样的比例并铺满页面，效果如图 2-128 所示。等分裁剪完成后，可以再添加个性化的动画，然后设计出一个图片由碎片化片段拼合起来的动画效果。

▲图 2-128

6. 使用图片占位符快速裁剪多张图片

　　图片占位符除了便于替换图片，也非常便于裁剪图片，特别是需要将多张图片裁剪成统一的尺寸且并列布局时，使用图片占位符非常方便，如图 2-129 所示。

▲图 2-129

　　依次单击【视图】→【幻灯片母版】选项打开母版视图，在母版视图中绘制大小相等且居中、等距分布的图片占位符，如图 2-130 所示。然后退出母版视图，将图片复制过去，四张图片会一次性裁剪为同样的尺寸。如果裁剪的位置不对，可以双击图片，通过右上方的裁剪工具调整位置即可。

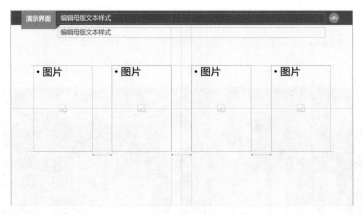

▲图 2-130

7. 多张图片快速排版的三个方法

（1）方法一：使用相册工具。

依次单击【插入】→【相册】→【新建相册】选项调出相册工具，然后选择图片来源，插入图片，即可生成一个新的相册 PPT，过程对话框如图 2-131 所示。

▲图 2-131

这个功能有什么用呢？比如要制作一份员工活动宣传的 PPT，或者要制作一份公司年度大事回顾的 PPT，准备采用每页图文混排的模式，此时相册工具就可以快速导入全部的图片。

（2）方法二：使用 SmartArt。

选中 PPT 中待排版的多张图片，依次单击【图片格式】→【图片版式】选项就看可以选择图片版式并进行快速排版，如图 2-132 所示。

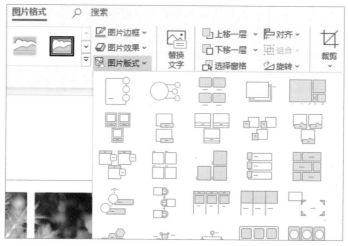

▲ 图 2-132

【引申】

①可通过图片版式工具快速将图片裁剪为圆形，然后单击鼠标右键，选择【转换为形状】选项，提取该图片用来排版。

②这个功能类似于图片占位符，可以删除原图片再快速替换成新图片。

（3）方法三：使用设计理念工具。

注意：该工具只有 Office 365 订阅版才有。

复制多个图片到 PPT 中，窗口右侧就会自动出现设计理念窗格供用户选择，如图 2-133 所示。也可以依次单击【设计】→【设计灵感】选项调出该工具。虽然现在其创意并不是很多，但相信未来该工具一定会越来越强大。

▲ 图 2-133

8. 经典的多图排版方式

公子从 2012 年开始学习制作 PPT，至今已有 7 年多的时间。每年制作的 PPT 至少有 1000 页，七年累计下来制作的 PPT 差不多有 10000 页了。公子从近万页的 PPT 中总结出了七套、四十二种经典的图片排版方法，具体如下。

（1）单图全屏铺满式。即将图片铺至页面边缘，PPT 可以是全图式排版，也可以是半图对称式排版，还可以是非对称个性化排版，具体如图 2-134 所示：①是全图式排版加文字或色块，再加文字；②是半图对称式排版；③是大图分布于上下排版；④是小图分布于左右排版；⑤是中间图片倾斜式排版；⑥是边缘图片倾斜式排版。

▲图 2-134

（2）多图等距并列式。在排版多张图片时采用最基本的等距并列排布的方式排版，细分样式如图 2-135 所示：①是图片无缝延伸到页面边缘；②是图片间、图片与边缘间保持适当的间隔；③是图片与色块搭配；④是一张图搭配一段文字并设置为上下两组；⑤是将多张图片与图表的各个项目一一对应；⑥是图片与色块一一对应。

▲图 2-135

（3）多图对称矩阵式。图片采用矩阵形式对称排版，可以是轴对称，也可以是中心对称，细分样式如图 2-136 所示：①是中规中矩的矩形矩阵式对称；②是辅以色块衬底的矩形矩阵式对称；③是个性化倾斜裁剪的旋转对称；④是个性化裁剪和大小不同的图片旋转对称；⑤是无缝连接的二组、六张图片矩阵式排列；⑥是无缝连接的四组、十二张图片矩阵式排列。

▲图 2-136

（4）多图交错排列式。图片采用有规律交错的方式排版，细分样式如图 2-137 所示：①是占据一侧的图片与色块交错排列；②是全图式的图与色块交错排列；③是图与文字交错排列并辅以标题色块；④是图与修饰色块的交错排列以营造立体感；⑤是个性化倾斜裁剪的图与色块交错排列；⑥是在旋转对称的全图背景上的阶梯式交错排列。

▲图 2-137

（5）多图瀑布流式。采用流行的瀑布流的图片布局方式来排版，细分样式如图 2-138 所示：①是无缝隙的瀑布流延展到页面边缘与文字左右分布；②是有缝隙的瀑布流与文字左右分布；③是将色块融入瀑布流进行图文布局；④是旋转对称式的图文瀑布流；⑤是全图式的图与色块瀑布流；⑥是色块与图片一一对应的图文瀑布流。

▲图 2-138

什么是瀑布流？瀑布流又被称为瀑布流式布局，是比较流行的一种网站图片布局方式，大小不一的图片有规律地排列，如同瀑布流泻一般，具体如图 2-139 所示。

▲图 2-139

（6）多图照片墙式。采用类似照片墙那种文艺的、有创意的排版方式，形式更加灵活多变，细分样式如图 2-140 所示：①是图片倾斜且处于边角的照片墙；②是一组同大小、沿同一角度倾斜的图片与色块的组合；③和④是局部瀑布流式照片墙与文字左右布局；⑤是沿任意角度倾斜的多组图片与色块的组合；⑥是局部瀑布流式照片墙与文字的组合展示。

▲图 2-140

第六种照片墙很有特色，是如何实现的呢？如果你懂得如何使用图片占位符，就会发现实现这个效果非常简单。打开母版视图，先制作好图片各细分部分的图片占位符，再通过依次单击【合并形状】→【联合】选项将图片占位符组合起来即可实现该效果。

（7）有创意地裁剪、填充式。将色块或图片占位符进行个性化裁剪、排布后填充图片，使得图文排版更有创意，细分样式如图 2-141 所示：①是半边是裁剪得到的图片，半边是色块；②是局部放置裁剪得到的图片，点缀小色块，小色块可以是圆形也可以是矩形、菱形、正多边形等；③是倾斜放置裁剪得到的图片后并列分布；④是与色块搭配的菱形图片交错分布；⑤是将梯形旋转对称放置后，添加色块；⑥是对矢量素材进行有创意的裁剪与填充。

▲ 图 2-141

9. 矢量图标的运用

如果平时需要制作大量的 PPT，创意和思维总会有枯竭的时候，这时该怎么办？如果你懂得使用矢量图标，问题就会迎刃而解。矢量图标堪称万能工具，很多场合都可以借助矢量图标来提高表达的视觉辨识度，如图 2-142 所示。矢量图标能够提升 PPT 的设计感，而且非常容易获取，可以节省寻找图片的时间。

▲ 图 2-142

但是，到哪里找那么多匹配的矢量图标呢？矢量图标的使用已经非常普遍，最直接的方法是去网络中搜索矢量素材，然后在 AI 中打开矢量图标，直接拖入 PPT 中，最后进行两次取消组合操作就可以使用了。

Office 365 中的 PowerPoint 或安装有 iSlide 插件的 PowerPoint，则可以随时获取想要的图标，如图 2-143 所示，非常方便。

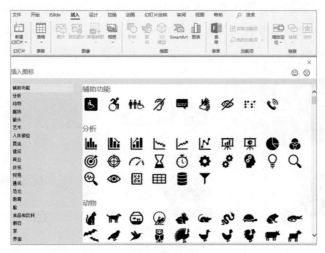

▲图 2-143

此外，平时也要多注意搜集和整理矢量图标。

10. 矢量小人的运用

不知从何时开始，使用图 2-144 中这种矢量小人来设计 PPT，特别是辅助场景化设计变得越来越流行。其非常直观、有趣，极其符合 PPT 辅助信息表达的要求——一目了然。因此，公子第一次遇到这样的矢量素材时就非常喜欢，疯狂收集矢量小人并作为珍品收藏。

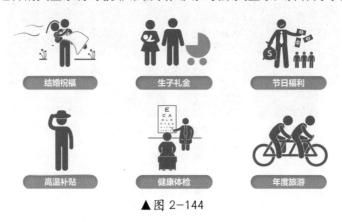

▲图 2-144

据说这些黑白矢量小人起源于经典的厕所标志。该标志具有极高的辨识度，来自全球不同地域的男女老少都能轻松识别出它的含义，因此它能够在全世界通用。这其中代表男性的标志像一个经典的姜饼人，如图 2-145 所示。姜饼人在西方是家喻户晓的童话形象，因此，我们就把这些矢量小人统称为"姜饼人"吧。

厕所标志　　　　　　　　　　圣诞姜饼人

▲图 2-145

到哪里去找那么多的黑白矢量小人呢？可以从网络中搜集，在 Pictogram2.com 网站中可以搜索到很多这样的素材，如图 2-146 所示。如同矢量图标一样，将它们下载下来，用 AI 软件打开后，直接拖入 PPT 中，再进行两次取消组合操作就可以使用了。

▲图 2-146

11. 矢量插画的运用

当你还在为搜集图片而愁眉不展时，别人已经在浩瀚的矢量插画的海洋里徜徉，那里有取之不尽、用之不竭的 PPT 场景化设计素材。

为什么要使用矢量插画？因为矢量插画可以提供丰富的 PPT 素材，并且矢量插画具有三大特点：好看、好用、好找。

PPT 中常用的矢量插画可概括为以下四大类：人物类、事物类、环境类、创意类。

矢量插画对 PPT 设计的辅助作用离不开 PPT 辅助信息表达的核心原理：一目了然和赏心悦目。基于这两点，可以把矢量插画的辅助作用总结为四点：替代图片、修饰版式、创造场景、设计图表，具体如图 2-147 所示。

▲图 2-147

如何获取矢量插画？当然是去网络中下载，从库存量和更新速度上来说，首推 Freepik 这个网站。不过，如果安装了 iSlide 插件，可以在【插图库】中找到大量的矢量插画，如图 2-148 所示。

▲图 2-148

现在，很多 PPT 设计者都已经知道，将矢量素材从 AI 中拖入 PPT 后，执行两次取消组合操作后就可以自由编辑，如修改颜色、拆解使用、合并形状等。是否将所有矢量素材引入 PPT 中使用都需要执行两次取消组合操作呢？不是的。如果不需要修改颜色或拆解、编辑，直接将矢量素材拖入 PPT 中就可以了，以后有需要时再取消组合。但如果矢量素材存在渐变或阴影，将其直接拖入 PPT 中是不行的，需要导出为 PNG 格式图片后再复制到 PPT 中使用，如图 2-149 所示。

直接拖入PPT的效果　　　取消组合后的效果　　　导出PNG格式的
　　　　　　　　　　　　　　　　　　　　　　　　　图片的效果

▲图 2-149

如何导出 PNG 格式的图片？在 AI 中执行如下操作：①单独选中需要导出的素材，按 Ctrl+X 组合键剪切；②新建一个空白的 AI 文档，并按 Ctrl+V 组合键粘贴；③依次单击【文件】→【导出】→【导出为】选项，导出 PNG 格式的图片。具体操作过程如图 2-150 所示。

▲图 2-150

如何拆解使用层叠交叉的素材？遇到层叠交叉的矢量素材不要拖入 PPT 后再拆分，而要先在 AI 中拆分好以后，再拖入 PPT 中使用，因为在 AI 中拆分矢量素材更容易，一般同一组素材都组合好了，可以直接被选中；如果不能直接选中，看看能否通过图层中的小眼睛图标来选择，这一点与 PS（Adobe Photoshop，后文简称 PS）类似，隐藏无关的素材，仅显示目标素材，再选中后拖入 PPT 即可。操作过程如图 2-151 所示。

▼①可以直接选中。

▼②通过图层选择。

▲图 2-151

2.3 页面：焦点化

页面设计的焦点化即将重点内容以视觉焦点的形式呈现，从而吸引观众的目光，让核心要点迅速被观众抓取。

焦点化的前提是妥善安排页面重点，即妥善安排 PPT 页面呈现的信息容量，一个页面只呈现一个主题或一个重点。

◎ 如果没有重点：合并或删除内容。

◎ 如果重点不突出：要对内容进行提炼，找到核心的重点，做到主次分明。

◎ 如果重点太多：要对内容进行高度概括或分拆，确保一个页面只呈现一个重点。

以上内容非常重要！公子发现很多 PPT 都存在信息堆砌的问题，要么文字没有提炼，要么重点过多，导致观众找不到视觉焦点，不能快速抓取想要表达的信息要点。

2.3.1 排版的四大原则

凸出视觉焦点要通过排版来实现。排版的四大原则如下。

（1）重复——风格一致。

（2）亲密——字不如表。

（3）对齐——整齐规范。

（4）对比——突出视觉焦点。

这四大原则在实现"一目了然、赏心悦目"这个设计目的的工具或方法上都有具体的体现，比如，"字不如表"就相当于排版的"亲密"原则。

公子认为，平面设计中最难的是配色和排版，配色部分将在后面的章节中详细讲述，在这一部分先聊一聊排版。

大自然中没有两片完全相同的叶子，也没有两朵完全相同的云彩，这说明设计的创意可以是无限的。但为什么很多人还是觉得排版无从下手呢，这恰恰是因为创意的无限性，选择太多往往让人不知所措。

针对无限的创意需要总结出有限的"套路"，以便于我们学习和参考。小白应该先按照套路依葫芦画瓢，成为高手后再融会贯通、打破套路。

　　这里，公子就从自身的经验出发，结合传统的排版的四大原则，总结出排版的套路供大家参考。

　　如何理解图 2-152 中的"排"字？"排"可以被理解为调整视觉元素的布局，不仅包括位置的移动，还包括大小、色彩和明暗对比的调整。排的目的有两个：一是突出要表达的内容，二是体现布局之美。如果内容过多，需要压缩或拆分；如果修饰元素过多，还需消除视觉干扰。极简风格的 PPT 甚至不需要任何的修饰元素。

▲ 图 2-152

1. 重复

重复包含整体风格一致和局部版式重复。

整体风格一致是指配色、字体、版式、立体或扁平、矢量插画与真实图片等的选用标准需要一致。

局部版式重复是指具有同样功能（如过渡页）或同种内容（如企业文化中的愿景、使命、核心价值观）的页面的重复，避免过度设计。也就是说，版式千变万化虽然可以避免单调，却也导致了视觉焦点的反复游移，实际上，设计精美的版式适当重复也很好，可以让观众不会太累。

图 2-153 中左侧三个页面的版式是完全一致的，讲的是企业文化中的"知""信""行"，右侧六个页面的版式也完全一致，讲的是矢量素材的运用，它们都属于同种内容，所以版式可以完全一致，这就是重复原则的典型运用。

▲图 2-153

2. 亲密

亲密是把内容梳理后归类、分组。如何归类、分组呢？把相互关联、意思相近的内容放在一起。归类、分组后，套用图表或进行模块化设计就方便了。如果懂得这一点，排版就容易多了。

图 2-154 是《为什么您下了那么多 PPT 模板却套用不上》的课件截图，这份 PPT 就是亲密原则的典型运用，对大段文字进行归类、分组后，套用图表或进行模块化设计变得非常方便。

▲图 2-154

3. 对齐

对齐体现了 PPT 版式的几何布局之美，页面上的每个元素都应当与页面上的另一个元素有某种视觉联系，如边界对齐、等距分布、几何对称等。

边界对齐与等距分布是最基本的排版常识，如图 2-155 所示。

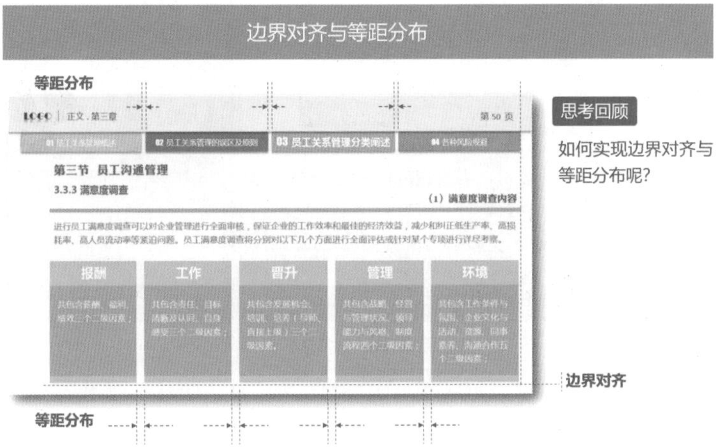

▲图 2-155

几何对称包括页面元素对称和整体版式对称。

图 2-156 所示的是页面元素对称，即页面元素左右或上下对称，在这种对称中，将页面沿中线对折，上下或者左右两部分是可以完全重合的。

▲图 2-156

图 2-157 是整体版式对称，即整体页面的色块之间、色块与图片、色块与空白、图片与空白的版式对称。

▲图 2-157

4. 对比

对比让版式更符合"瞟"的原理，通过有意识地增加不同等级或不同类别元素之间的差异性，如大小、色彩或明暗，从而形成强烈的视觉对比效果，吸引注意力，达到突出重点的效果。具体的方法有：大字报式、明暗对比、元素烘托等。

看看图 2-158 所示的页面，想一想这个页面都运用了哪些排版的原理或方法呢？

▲图 2-158

2.3.2 用"对比"凸显视觉焦点

运用对比原则的目的是凸显版面的视觉焦点，从而让关键的信息迅速被观众捕捉。

1. 大字报式文字排版

据说，很多人没有了图片就不知道该如何排版了。尤其是面对纯文字，很多人直接把 PPT 当成 Word 来用。其实，只需要把重点提炼出来，放大即可。当然，考虑到美观，公子还是有一些经验可以分享的。

公子总结的文字排版的经验如下。

（1）"四字以内超大字"。核心要点的字数在四个字以内（含四个字）时，可以采用超大字来显示，这样的排版拥有绝对的视觉冲击力，如图 2-159 所示。

▲图 2-159

（2）"一排大字系腰带"。这种情况特别适合制作 PPT 的封面，可以采用正中间放置一个色块和一排大字的方式来排版。这个方法虽然简单，但很实用，如果辅以全图背景、多图排版、深色背景等个性化设计，也不算特别单调。其效果如图 2-160 所示。

▲图 2-160

（3）"整句双排一般大"。如果一个完整的句子一排放不下，需要放两排时，可以考虑尽量两端对齐，这样会比较好看。当然，如果字数是偶数时，两端对齐肯定没问题，如果字数是奇数时该怎么办？此时可以设置为分散对齐，如图 2-161 所示。

▲图 2-161

（4）"如需换行按含义"。当然，并不是所有的文字都适合使用两端对齐的方式来排版，可以按照文字的含义来断句、换行，形成一种参差的美感，一般设置为左对齐或右对齐，如图 2-162 所示。

▲图 2-162

（5）"主副差异两端齐"。当两行的文字内容为一主一副（如主标题和副标题，名词及其含义）或整句两排放置时，为突出核心内容，可采用一大一小但两端对齐的方式来布局，如图 2-163 所示。

▲图 2-163

（6）"字多大字与段落"。当内容很多时，切忌把大段文字都设置得很大，使页面看起来仿佛老年机的屏幕一样。一定要该大的大，该小的小，这样才能突出重点，层次分明，如图 2-164 所示。

▲ 图 2-164

2. 用色块强化明暗对比，让排版游刃有余

在排版过程中，除了文字和图片，也可以用几何形状的色块来分割、排布内容，优化整体的视觉效果，通过强化明暗对比，可以突出想要表达的内容，同时也能够给人带来灵动、活泼的感觉。

有色块与没有色块的 PPT 有什么区别呢，相信图 2-165 可以给你留下直观的印象。左侧的 PPT 没有色块作为文字衬底，整个页面给人的感觉非常单调，特别是页数比较多的时候，如果所有页面都是白色背景，实在是毫无设计感可言。右侧的 PPT 添加了色块，画面瞬间有了层次感，重点也更凸出了。

通过明暗对比，突出重要信息

▲ 图 2-165

什么是色块？色块就是在【形状】中可设置为无边框的彩色或黑色、白色、灰色的各种图形或源自矢量素材的创意图形，如图 2-166 所示。

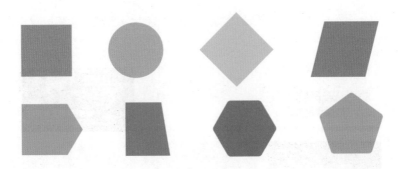

▲图 2-166

使用色块排版有七大好处，具体如下。

（1）强化明暗对比。这是使用色块最根本的出发点，基于排版的对比原则，通过强化明暗对比可以突出要表达的内容。如果图片杂乱但需要在上面放内容时，也可以使用色块，同时还可以设置一定的透明度形成蒙板的效果，如图 2-167 所示。

▲图 2-167

（2）便于设计对称版式。公子认为，对称版式是永不过时的经典排版版式，而用色块则可以快速实现对称版式，如图 2-168 所示。

▲图 2-168

（3）辅助页面均等拆分。使用不同颜色的色块将页面均等拆分，可以实现内容模块化呈现的效果。设计时不仅可以竖直拆分，也可以倾斜拆分。拆分不仅可以便于内容的分类呈现，也可以作为美化版式的手段，如图 2-169 所示。

▲ 图 2-169

（4）帮助填补版式空缺。通过色块来弥补图片与背景间的版式空缺，可以起到维持视觉平衡的作用。如果将图 2-170 中的色块去掉，画面的重心会变得不稳，在视觉上会令人很不舒服。

▲ 图 2-170

（5）实现图文对应排版。利用色块与图片进行一图一文的排版是非常常见的设计场景，这种排版方式的案例非常多，如图 2-171 所示。

▲ 图 2-171

（6）方便排列形成图表。利用信手拈来的色块来设计图表，可以通过不同的色彩来区分不同的内容，简单而又大气，如图 2-172 所示。

▲图 2-172

（7）能够修饰、美化背景。如果运用色块到了炉火纯青的地步，就会巧妙地利用不同形状、不同色彩、不同灰度的色块来修饰版面。使页面告别单调，而富有设计感，或大气、或高雅、或文艺、或婉约，运用之妙，存乎一心，具体效果如图 2-173 所示。

▲图 2-173

3. 用装饰元素提升 PPT 的设计感

穿西装为什么要系领带？领带起源于何时？最初的作用是什么？这些都已经是难以考证的问题了，但我们都知道领带是穿西装的必备装饰。在商务场合，穿着需要装饰，PPT 也需要一些视觉元素来装饰，以使得我们的设计告别单调。

哪些装饰元素可以让 PPT 的设计告别单调呢？公子总结了如下几种：线条、图框、色块、图形。具体的作用及细分元素如图 2-174 所示。

▲图 2-174

它们的修饰作用，可以简单地概括为如下几种。

（1）用线条对齐或分界。借助线条来实现不同内容的对齐或用线条来划分不同的内容，可以让页面更具平衡感，如图 2-175 所示。

▲图 2-175

（2）用图框划定一个范围。借助图框给表述的文字内容划定一个范围，可以使得页面更整齐，符合模块化设计的特点，如图 2-176 所示。

▲图 2-176

（3）用色块强化明暗对比。用色块作为文字或图片、图形的衬底，可以增强明暗对比的效果，突出想要表达的内容，美化版式，如图 2-177 所示。

▲图 2-177

（4）用图形实现场景化设计。可以使用具有特定含义的图形（如电影胶片、计算机样机、对话气泡、白板等）实现场景化的设计，如图 2-178 所示。

▲图 2-178

4. 用样机让 PPT 秒变"白富美"

收费模板在宣传时经常使用漂亮的电子设备的图片来辅助展示，如图 2-179 所示，这种类型的图片有一个统一的称呼——样机。样机不仅仅可以用于宣传 PPT 模板，也可以辅助 PPT 排版，它是场景化设计的一种体现。

▲图 2-179

　　什么是样机？样机是一种拥有智能替换图层的 PSD 格式的文件，用户可以非常方便地将自己的图片替换到样机素材中。除了最常见的电子设备的样机，还有各种场景化展示的样机，如 T 恤、文件袋、名片、水杯、车贴、LOGO、杂志、舞台、灯箱广告等形式的样机。图 2-180 展示的是一种展示舞台效果的样机。通俗来说，样机相当于平面设计中展示效果的模特。

▲图 2-180

　　电子设备样机按照其展示的特点，大致可以分为两种类别：平面样机，三维样机。

　　平面样机即展示图片的视觉效果是平面的，如图 2-181 所示。这种样机的特点是非常便于迁移到 PPT 中使用，即可以借助 PS 或 AI 将样机素材导出为可以在 PPT 中使用的 PNG 格式的图片或矢量图形，通过图片占位符可以实现类似 PS 样机的智能替换效果。

▲图 2-181

　　三维样机即展示图片的视觉效果是三维的，这种样机的特点是基本上只能在 PS 中替换图片。

让我们来看一下样机辅助排版的设计效果。

（1）样机使用技巧中的图片展示。同样的一张图片，在未使用样机之前，直接张贴在页面上会显得平淡无奇；而使用样机之后，如同将一幅画进行了装裱，提升了页面的设计感，也容易吸引观众的注意力，设计效果如图 2-182 所示。

▲图 2-182

（2）样机使用技巧中的图表 / 图标展示。将样机的屏幕设置为色块，其上可展示图表或图标，甚至是大字报，设计效果如图 2-183 所示。

▲图 2-183

那么，到哪里去找这些样机素材呢？最简单的方法是从搜集的 PPT 素材中复制。我们平时要做个有心人，善于搜集和整理素材。

如果对 PS 和 AI 软件略有了解，也可以从 PSD、AI、EPS 格式的文件中导出样机素材。

（1）从 PSD 格式的文件中导出 PNG 格式的样机。操作很简单，使用 PS 打开 PSD 格式的文件后，隐藏不必要的图层，只显示电子设备部分，然后另存为 PNG 格式的图片即可，如图 2-184 所示。

▲图 2-184

（2）从 AI 或 EPS 格式的文件中导出扁平样机。把下载得到的矢量样机素材（AI 或 EPS 格式的文件）在 AI 中打开，选中样机部分并拖入 PPT 中执行两次解压缩操作即可。扁平样机的特点是可以根据设计的需要修改其颜色，如图 2-185 所示。

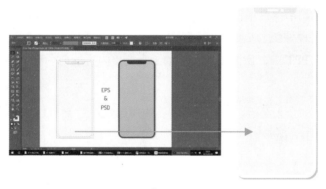

▲图 2-185

2.4　页面：动态化

当亮出观点时，使用恰当的动画可以让观点更有冲击力。同时，动画也可以根据逻辑关系或逻辑顺序来设置内容的出现顺序，这样，就可以让观众更易于领会观点，把握逻辑。注意：如有必要再进行动态化设计。

2.4.1 从零开始认识 PPT 动画

1.PPT 动画的类别

PPT 动画大致可以分为两大类：全动画和局部动画。这是借鉴了动画片的分类方法：全动画和有限动画。

①全动画是指从头到尾全部可以播放展示的 PPT 动画作品，这类动画可以导出成视频，如动画片一般，常用于辅助演示新闻内容、介绍企业或产品、活动宣传等。

②局部动画是指仅对 PPT 的局部内容使用动画的设计效果，用以辅助演讲或修饰局部的动作。

总而言之，只在必要处设置动画，职场中的 PPT 对动画效果的使用都非常谨慎，大部分都属于局部动画。

2.PPT 动画的作用

公子认为，PPT 动画的主要作用体现在三个方面：设置逻辑顺序、强调表达重点、彰显流畅之美。前两点是授课类、培训类或商务汇报类 PPT 中局部应用 PPT 动画的理由，而第三点则体现在全动画 PPT 中，用很多流畅的动画来衔接内容的前后部分，可以让观众阅读起来酣畅淋漓。

所以，根据公子的个人经验，PPT 动画主要的作用就是三点：①逻辑作用；②强调作用；③修饰作用。如图 2-186 所示。

▲图 2-186

使用动画要避免"炫技"。若在不适合使用动画的场合使用动画，或动画效果太炫，会把观众的注意力给吸引过去，这是不合适的，应该只在有必要的地方设置动画。

3.PPT 动画应该学到什么程度

学习 PPT 动画要避免两大陷阱。

（1）耗时。学习的目的是为了应用，虽说学无止境，但也要适可而止。很多复杂的动画设计起来极其耗费时间和精力，所以，要结合实际的需求量力而行。

（2）炫技。在商务场合使用的 PPT 绝对要慎用动画效果，一般而言，使用动画的主要目的是设置逻辑顺序和强调表达重点，修饰性的动画基本可以不用，千万不能因为学习了很炫的动画效果就一定要用上。

学习 PPT 动画应该实现怎样的目标呢？如果不是 PPT 动画发烧友，仅是普通的职场人士，公子建议至少应该实现如下三个目标。

（1）理解 PPT 动画的基本原理。这是设置 PPT 动画的前提，也是拆解动画，深入钻研 PPT 动画的基础。

（2）会进行 PPT 动画的基本设置。会根据具体的需求来设置动画效果，如进入动画、强调动画、退出动画、路径动画甚至组合动画。

（3）善于借鉴 PPT 动画素材。能够通过动画刷或动画插件工具（如"口袋动画"插件）调用丰富的动画素材，并能将音乐、视频等引入 PPT 中，制作出简单的全动画 PPT 作品。

2.4.2　PPT 动画的基本原理

PPT 中的动画效果有四大类：进入动画、强调动画、退出动画、路径动画。选中文字或图形、图片等对象后，就可以在【动画】选项卡选择或添加动画效果，如图 2-187 所示。

▲图 2-187

给对象选择或添加了动画效果后，还需要根据场景设计的需要在【动画】工具栏的右侧设置动画的具体参数，如播放效果、启动方式、持续时间、延迟时间、播放顺序等，也可以通过调整下方【动画窗格】里的动画项目调整动画的播放顺序，如图 2-188 所示。

▲图 2-188

双击【动画窗格】里的动画项目，会弹出图 2-189 所示的设置效果对话框，在这里也可以对动画的效果进行进一步的设置。

▲图 2-189

1. 文本动画的创意设置

正所谓"难者不会，会者不难"，看似神奇的动画效果实际上就是对基本的动画效果进行了简单的个性化设置。

比如，对普通的"飞入"动画，只需要添加平滑或弹跳效果，设置为【按字母顺序】播放、【10% 字母之间延迟】，如图 2-190 所示，就会得到完全不一样的动画效果。

▲图 2-190

如果懂得上述内容，PPT 动画世界的大门就已经向我们敞开了，可以不断尝试设置新的个性化文本动画，如以下几种。

◎打字机动画：对"出现"动画设置【按字母顺序】播放，就有了类似打字机的效果。

◎优雅的漂移：对"动作路径"动画设置【按字母顺序】播放，再设置【平滑开始】和【弹性结束】的时间即可。

◎潇洒的螺旋飞入：对"螺旋飞入"动画设置【按字母顺序】播放，将【计时】→【期间】选项设置为 0.3 秒。

◎雀跃式升起：对"升起"动画设置【按字母顺序】播放，将【计时】→【期间】选项设置为 1 秒。

◎曲线向上的逐字展现：对"曲线向上"动画设置【按字母顺序】播放，将【计时】→【期间】选项设置为 1 秒。

2. 设置同一个对象的多个动画效果

在 PPT 中叠加动画效果可以获得新的动画效果，叠加动画效果包括对同一个对象的多个动画效果进行叠加和对多个对象的多个动画效果进行叠加。

比如，将"进入"动画中的"缩放"或"飞入"动画和"强调"动画中的"陀螺旋"动画进行叠加，就会得到一个非常经典的叠加动画效果。设置组合动画的对象，在【动画】选项卡上显示的动画名称是"多个"，如图 2-191 所示。

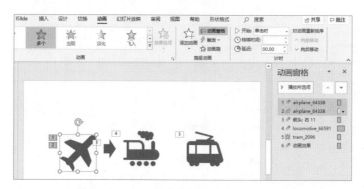

▲图 2-191

设置的要点如下。

（1）要注意组合动画的先后顺序和持续时间，比如，这个案例是"进入"动画中的"缩放"或"飞入"动画在前，"强调"动画中的"陀螺旋"动画在后，持续时间相同。如何确定动画的先后顺序和持续时间呢？可以通过试验来确定。

（2）如果已经给对象设置了一个动画，再添加新的动画效果时，要注意不能从【动画】选项卡左侧的选框里直接选取，要通过单击【添加动画】选项来添加。

（3）对于已经设置好的组合动画效果，可以通过"口袋动画"插件将其合并，以方便使用动画刷。

创新的本质是创造性的碰撞，看似无关的想法、概念、领域、资源等相互作用、排列组合，往往可以产生有创意的动画。懂得这个原理后，就可以创造新的动画了。比如，公子就曾自己偶然组合出类似蝴蝶飞舞的动画效果，这个动画纯粹是"乱点鸳鸯谱"意外得来的。这个动画具体是由两个"进入"动画（旋转、飞入）和一个"强调"动画（陀螺旋）组合而成的，如图 2-192 所示。

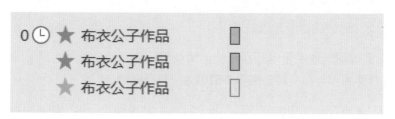

▲图 2-192

（1）动画一：旋转。选择"进入"动画中的"旋转"动画，设置【持续时间】为 0.5 秒，如图 2-193 所示。

▲图 2-193

（2）动画二：飞入。选择"进入"动画中的"飞入"动画，设置【持续时间】为 0.5 秒，【平滑结束】的时间为 0.5 秒，如图 2-194 所示。

▲图 2-194

（3）动画三：陀螺旋。选择"强调"动画中的"陀螺旋"动画，设置【持续时间】为 0.5秒，【数量】为【360° 顺时针】，【平滑结束】的时间为 0.5 秒，如图 2-195 所示。

▲图 2-195

3. 设置多个对象的多个动画效果

同一个对象的多个动画效果可以叠加，多个对象（复制得到的多层的文本或图形图片）的动画效果也可以进行叠加。图 2-196 展示的就是两层文本动画的叠加。

▲图 2-196

其中，第一层文本设置了三个动画效果，即同一个对象的多个动画效果叠加的具体应用，分别是：①依次单击【进入】→【基本缩放】选项，设置【持续时间】为 0.3 秒，设置动画效果为【屏幕底部缩小】；②依次单击【退出】→【基本缩放】选项，设置【持续时间】为 1.25 秒，设置【延迟】为 0.3 秒，设置动画效果为"切入"；③依次单击【退出】→【淡出】选项，设置【持续时间】为 0.3 秒，设置【延迟】为 0.45 秒。第二层文本设置了一个动画效果：依次单击【进入】→【出现】选项，设置【延迟】为 0.3 秒。上述动画的【计时】→【开始】

选项的设置都是【与上一动画同时】。

这是一个两层文本动画效果叠加的案例，我们可以根据上述内容尝试设置一下。如果已经有设置好的多层文本动画效果叠加的素材，可以直接拿来使用。如何快捷地替换文字呢？要善用 Ctrl+H 组合键直接替换文字。

4. 用自动切换功能自动播放全动画 PPT

学会了设置 PPT 中对象的动画，再设置好 PPT 的切换效果，并设置自动换片时间，辅以音频或视频素材，一个炫酷的全动画 PPT 作品就完成了。

如何让 PPT 像视频那样自动播放呢，只需要在【切换】▶【换片方式】▶【设置自动换片时间】选项中进行设置即可，具体参数如图 2-197 所示。一般设置自动换片时间为 3 ~ 5 秒，如果是添加了音乐的 PPT，且追求音乐和 PPT 播放同步结束，则需要反复调整各页面切换时间。

▲图 2-197

PPT 提供了丰富的切换效果，用好这些切换效果，在 PPT 播放时会给 PPT 增色。这里公子想要提醒大家：①默认的切换动作比较慢，往往需要调快一些，调整方法是在【切换】▶【持续时间】选项中设置，一般可将时间调整为默认时间的一半；②不要使用太多的切换效果；③可以通过母版快速设置切换效果及切换时间；④可以利用【动态内容效果】实现局部切换，设置的要点是将不动的内容放在母版中，将动的内容放在当前页。

PPT 可以给切换或具体的动画添加场景音效，具体参数如图 2-198 所示。

▲图 2-198

5. 将音频文件嵌入 PPT

在 PPT 中嵌入音频文件的方法很简单，关键在于要懂得如何设置。

插入音频文件的方法有两种：①依次单击【插入】→【音频】→【PC 上的音频】或【录制音频文件】选项；②直接将音频文件复制到 PPT 中，即选中计算机中的音频文件后按 Ctrl+C 组合键进行复制，找到 PPT 中的目标页后按 Ctrl+V 组合键进行粘贴。

一般插入音频文件或复制音频文件到 PPT 中后，会自动弹出编辑音频文件的界面，如果没有弹出，可以通过单击小喇叭图标后单击【播放】选项调出编辑音频文件的界面。

编辑音频文件的要点如图 2-199 所示，可以根据播放的需要进行设置。举例来说，如果是音乐型连续播放的 PPT，需要设置开始方式为【自动】，勾选【放映时隐藏】【跨幻灯片播放】复选框。

剪辑音频文件和淡入淡出的参数可根据实际需要进行设置。

▲图 2-199

需要提醒大家的是，如果 PPT 当前页带有动画，并且需要在 PPT 页面导入的第一时间响起背景音乐，需要通过依次单击【动画】→【动画窗格】选项打开【动画窗格】面板，将音乐项目移动到该页所有动画的前面。

6. 将视频文件嵌入 PPT

嵌入视频文件的方法同嵌入音频文件的方法完全一致，为了把氛围营造得更逼真一些，可以让视频在一个笔记本计算机样机的显示屏中播放。

如何让视频在笔记本计算机样机的显示屏中播放呢？视频可以像图片那样编辑外在的形状及格式，因此，我们把它当作图片进行处理。

编辑插入 PPT 中的视频应该注意哪些点呢？视频一般并非在打开当前页时自动播放，而是根据需要在单击时播放，并且视频播放时最好全屏播放，以便让观众看清楚，同时应该设置为播完完毕返回开头。

　　如果是把视频素材当作背景，但其上面有文字或 LOGO 需要陆续显示时，不能将视频设置为全屏播放，因为这样设置以后，视频会置于所有对象的最前面。这时应该怎么办呢？应该将视频在保持纵横比的情况下拉伸到页面边缘。

7. 制作 PPT 动画的冷门经验

　　（1）如何设置放映时不显示动画。依次单击【幻灯片放映】→【设置幻灯片放映】→【设置放映方式】选项，勾选【放映时不加动画】复选框。

　　（2）如何给 PPT 动画添加"遮羞布"。复杂的 PPT 动画作品往往由于一个页面放置的元素过多，在动画未播放的时候会显得很乱，影响心情，对此，公子很苦恼。直到有一天公子灵机一动，何不将最终效果的截图放到顶层，这样不就不乱了吗？这个最终效果的截图就是所谓的"遮羞布"。当然，我们要给这个"遮羞布"添加一个"退出"动画中的"消失"动画，且置于所有当前页动画效果的最前面。

　　（3）如何让 SmartArt 图表的动画逐一出现。有两种方法：①在动画窗格进行设置。先为图表设置一个动画，然后依次单击【动画】→【动画窗格】选项，最后双击动画效果，依次单击【SmartArt 动画】→【逐个】选项。②打散设置。右键单击图表，先单击【转换为形状】选项，再分别添加动画。

　　（4）可借助狸窝视频转换器将 PPT 导出为视频。公子经常需要将做好的 PPT 导出成 MP4 格式的视频，然后上传到腾讯网站（在公众号展示），但播放传上去的视频时，在多处存在明显的卡顿现象，这让观众误以为播放 PPT 就是卡顿的。公子为此困惑了好久，直到有一天，将导出的 MP4 格式的文件借助狸窝视频转换工具再转换一次，才解决了这个问题。

　　（5）重新命名动画对象以方便编辑。在制作复杂 PPT 动画作品时，推荐修改动画名称以方便动画的编辑和修改。方法是依次单击【动画】→【动画窗格】选项，双击对应的动画效果即可修改动画名称。这里需要特别留意，当修改或套用 PPT 模板时，有些动画名称中留有原作者的姓名和联系方式，需要进行进一步的处理。

　　（6）在母版中预设动画或切换效果。可以通过母版快速设置切换效果及切换时间，设置完成后，单击该版式的页面都会使用母版的切换效果和切换时间，这可以大大提高制作动画的效率。无论是对文字占位符还是对图片占位符，提前设置动画后，修改当前页内容将不会影响动画效果，这一招特别适合 PPT 模板设计师使用。

第 3 章
如何让 PPT 赏心悦目

　　如何让 PPT 赏心悦目？第一，应该让 PPT 符合观众的审美要求；第二，要做到 PPT 整体风格统一；第三，要让每一页 PPT 整齐规范；第四，力求 PPT 符合高质量 PPT 的标准；最后，对 PPT 的关键页要多花心思，重点打磨。

3.1 PPT 审美的基本要求与高端要求

漂亮的 PPT 应该是什么样子的呢？总该有个标准吧。类比是一种让人非常容易理解的表述方法。于是，公子就来拿女孩的美来思考 PPT 的美。为了更好地梳理思路、概括要点，我把女孩的美分为两类。

一种是小家碧玉之美，巧笑倩兮、美目盼兮，娴静时如姣花照水，行动处似弱柳扶风。其实，总结起来就是"衣着得体、容貌俏丽"。

另一种是大家闺秀之美，端庄优雅、温婉恬静，唇不点而含丹，眉不画而横翠，妆成有却无，美而不娇媚。总结起来就是"端庄优雅、气质脱俗"。

女孩的美和 PPT 的美的关系如图 3-1 所示。

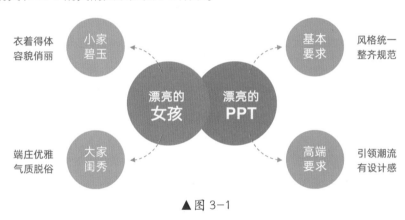

▲ 图 3-1

小家碧玉之美，可以类比为设计 PPT 的基本要求：衣着得体就是会穿衣服，懂得如何搭配，看起来不会让人觉得唐突，对应到 PPT，就是风格统一；容貌俏丽就是五官端正、长相漂亮，天生好脸蛋，对应到 PPT，就是整齐规范。

大家闺秀之美，可以类比 PPT 的高端要求：端庄优雅就是服饰装扮的水平更高，引领潮流，不落俗套，对应到 PPT，就是引领潮流；气质脱俗就是让人感受到时尚和尊贵，对应到 PPT，就是有设计感，看起来就知道设计者花了心思。

3.1.1 PPT 审美的基本要求

没有人愿意拒绝美的东西，同样的内容，高颜值的 PPT 一定会比山寨的 PPT 更受欢迎。制作出令人惊艳的 PPT 确实不容易，但是要满足基本的审美标准，保证 PPT 不难看、不山寨、不唐突、很和谐，还不是特别难。

PPT 审美的基本要求：①整体效果上要求风格统一，给观众统一的观感，而不是让人感觉花里胡哨。②单个页面上要求整齐规范，避免参差不齐、大小不一或距离不均。

如何做到风格统一呢？很简单，文字、段落、图表、图片等元素的格式趋于一致即可。

如何做到整齐规范呢？也不难，将 PPT 的文字、段落、图形、图表、图片、图标等做到整齐有序即可。

3.1.2　PPT 审美的高端要求

PPT 审美的高端要求是引领潮流、有设计感，设计 PPT 不可以仅仅是对内容进行简单的罗列或对素材进行重复的堆砌，而是需要经过一番思考，精心设计，这样制作出来的 PPT 看起来才会比较专业，具有自己的设计风格。

引领风格体现了作者能够与时俱进，对新的潮流有比较敏锐的洞察力，而不是闭门造车。

有设计感体现了作者孜孜以求的态度，且非常用心，而非应付了事。

有哪些充满设计感的流行的风格呢？流行的风格一直在变，我们可以从各种线上或线下的广告、海报等平面设计作品中感知到。比如，这些年 PPT 陆续流行过低面风格、微立体风格、扁平风格、流体渐变风格、欧美杂志风格等。

3.1.3　如何提升审美水平

一个人的审美水平可以说是这个人品位的体现，反映了一个人对美的理解，而一个人做的 PPT 反映了他的审美水平。如何提升审美水平呢？公子认为有以下方法。

（1）"反向规避"法。觉得别扭就修改，直到看起来舒服、和谐为止。这种方法并不是我原创，《设计：好的，坏的和丑的》一文曾写道：一个人有好的品位，往往不是因为他善于发现美，而是因为他善于识别丑。

（2）"正向提升"法，多见识真正漂亮的 PPT，包括各种优秀的平面设计作品，然后加以模仿。因为审美是一种需要不断培养和提升的能力，其前提是见多识广。

如何见多识广？可以通过观察、分析各种优秀的设计作品或优秀的设计网站来提升审美能力、激发灵感。花瓣网是一个可以将优秀设计灵感一键收藏的网站，很多设计师都在用。公子的习惯是把那些优秀的设计界面直接截图保存下来，并分类放置。

3.2　风格统一

第 2 章曾经提过，整体风格一致是指配色、字体、版式、立体或扁平、矢量插画与真实图片等的选用标准需要一致。对于这一点，笔者总结了如下原则。

（1）同等功能，位置一致。这一点特别体现在标题栏的设计上，位置一致加上编码辅助，内容的逻辑就可以通过视觉展示精确地传达出来，如图 3-2 所示。

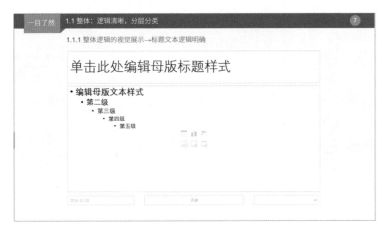

▲图 3-2

（2）同等内容，版式一致。这是重复原则的一种典型运用。版式变化太多固然避免了单调，却也导致了视觉焦点的反复游移，观众阅读起来太累。

▲图 3-3

3.2.1 色彩知识

色彩是物体表面所呈现的颜色。大自然用丰富和瑰丽的色彩创造了这个色彩斑斓的世界，尤其是在朝气蓬勃的暮春、初夏，繁花盛开的原野好似油画般引人入胜。大自然的美用缤纷的色彩来呈现，PPT 的美也离不开对色彩的恰当运用，如图 3-4 所示。

▲图 3-4

如何才能恰到好处地运用色彩，制作出浑然天成、让人赏心悦目的作品呢？公子认为，学习和掌握一些基本的色彩知识是非常有必要的。

1. 无彩色和有彩色

从理论上来说，色彩可以分为无彩色和有彩色两大类，如图 3-5 所示。无彩色和有彩色搭配在一起，可以使图像中的彩色部分更加突出。

无彩色   有彩色

▲图 3-5

2. 色彩三要素

所有色彩都具备三个基本要素：色相、饱和度、亮度。这三个要素也可被称为色彩的三属性，如图 3-6 所示。

▲图 3-6

色相（Hue）：色彩的相貌，也就是各种色彩的名称，如红、黄、蓝等。

饱和度（Saturation）：色彩的鲜艳程度，也被称为色彩的纯度或彩度，饱和度为 0 的照片即黑白照片。

亮度（Lightness）：颜色的明亮程度，越亮越接近白色，越暗越接近黑色。

有时候为了方便调整颜色的亮度，需要将 PPT 的色板调整为 HSL 模式。我们可以动手操作一下，通过移动图 3-7 右侧的小箭头来调整某一个变量，看色彩指针有什么变化。

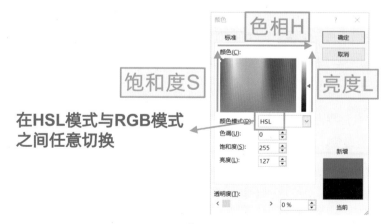

▲图 3-7

3. 色相环

通过动手练习，我们会发现，在 HSL 模式下，仅调整色调（色相）的数值，保持其他数值不变，可以看到色彩丰富的变化，这种变化产生了不同的色相，其中 0 和 255 指的是同一位置，也就是红色，因此可以把连续变化的色相理解为一个封闭的圆环，早期的伊登十二色相环与之相似，如图 3-8 所示。

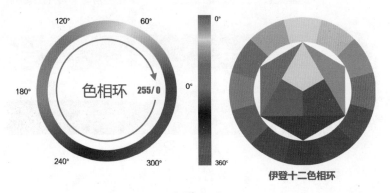

▲图 3-8

伊登十二色相环是由瑞士色彩学大师伊登（Itten）先生设计的，特点是由颜料的三原色混合叠加而成。

一次色（原色）：在美术上将红、黄、蓝称为颜料的三原色或一次色。

二次色（间色）：通过将两种一次色按不同比例进行混合得到的颜色被称为二次色，二次色又被称作间色。

三次色（复色）：用任何两个二次色或三个一次色混合得到的颜色被称为三次色（复色），三次色包括了除一次色和二次色以外的所有颜色。

4. RGB 模式和 CMYK 模式的区别

RGB 模式是自然界万物展示颜色的模式，通过色光叠加形成其他各种颜色，越叠加越亮，最终得到的结果是白色，所以被称为加法混合。具体应用包括显示器等。

CMYK 模式是专门用于印刷的颜色模式。通过色料叠加形成各种颜色，越叠加越暗，最终得到的结果是黑色，所以被称为减法混合。具体应用包括四色打印、四色印刷等。

CMYK 模式的颜色没有 RGB 模式颜色的种类多，因此，将图像从 CMYK 模式转为 RGB 模式时，颜色没有损失，而将图像从 RGB 模式转为 CMYK 模式时，则可能会有部分损失。在实际打印中，RGB 模式的图像需要转化为 CMYK 模式才能被打印机打印出来，因此，打印或印刷的图像相比电子版的图像，在色彩上可能会出现失真。

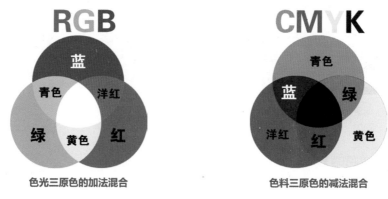

▲ 图 3-9

5. 色彩冷暖

根据人们的心理和视觉判断，色彩有冷暖之分，如图 3-10 所示。红色、橙色常使人联想起红色的火焰，进而产生温暖的感觉，所以被称为"暖色"；绿色、蓝色常使人联想起绿色的森林和蓝色的冰雪，进而产生寒冷的感觉，所以被称为"冷色"；黄色、紫色等颜色给人的感觉是不冷也不暖，故被称为"中性色"。色彩的冷暖是相对的。在同类色彩中，含暖意成分多的颜色给人的感觉较暖，而含寒意成分较多的颜色给人的感觉较冷。

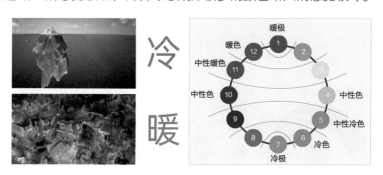

▲ 图 3-10

3.2.2　配色技巧

PPT 的颜色该如何搭配？这是很多人在设计 PPT 时遇到的难点问题。对色彩的使用的确让人纠结，但如果找到规律，事情就变得简单多了。

1. 三种典型的 PPT 配色方案

一般来讲，PPT 色彩有三种典型的搭配方案：单色、主副色、多色，如图 3-11 所示。

▲图 3-11

公子认为，单色的 PPT 最好驾驭，且适用于绝大多数的商务场合。因此，推荐大家多使用单色来设计 PPT，即使是套用不同颜色的模板，也可以自己将其改为单色 PPT。

单色 PPT 就是只使用一种颜色吗？当然不是，单色并不是指只有一种颜色，而是指只有同一种色相的颜色。

前面我们已经讲过，色彩可以分为无彩色和有彩色两大类别，无彩色和有彩色搭配使用，可以使图像中的彩色部分更加突出。

因此，所谓的单色 PPT，指的是使用一种色相的颜色加上黑色、白色、灰色的 PPT，任何单色 PPT 都符合这个规律。

2. 单色 PPT 如何提升模块辨识度

（1）方式一：使用不同深浅的单色进行搭配。通过调整单色的深浅提升模块的辨识度，如图 3-12 所示。

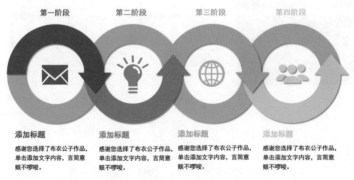

▲图 3-12

如何有规律地调整同一颜色的深浅呢？

如果单色是从主题颜色中选择的，可以直接在主题颜色中该单色的纵向区域内选择不同深浅的颜色，如图 3-13 所示。

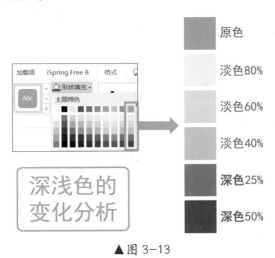

▲图 3-13

如果单色是通过 RGB 值直接设置的，可以将颜色由 RGB 模式切换为 HSL 模式，然后通过调整亮度的参数值来调整颜色的深浅。

（2）方式二：与单一深灰色搭配。不是通过应用不同深浅的单色来提升模块的辨识度，而是通过与深灰色交替搭配来提升辨识度，如图 3-14 所示。

▲图 3-14

这个深灰色的标准应该如何确定呢？因为 PPT 中的文字一般不是纯黑色的，而是深灰色的，因此，建议这个深灰色的参数和文字深灰色的参数保持一致，RGB 值在（50, 50, 50）至（90, 90, 90）的范围内都可以。

（3）方式三：与不同深浅的灰色搭配。单色与不同深浅的灰色搭配会让作品看起来非常清爽、时尚、有设计感，如图 3-15 所示。

▲图 3-15

那么，这三种搭配方式可以混合使用吗？这要慎重，不过，第三种搭配可以作为第一种搭配的补充，即所谓的"彩色不够，灰色来凑"，而第二种搭配最好单独使用。

3. 多种彩色如何搭配

世界上的事就怕认真二字，但如何去认真呢？公子认为，认真就是要找到规律，找到规律以后就再也不怕难事了。

为了更好地说明色彩搭配的原理，我们把色相环上间隔不同角度的颜色命名为互补色、对比色、中度色、类似色、相近色、同色等，如图 3-16 所示。

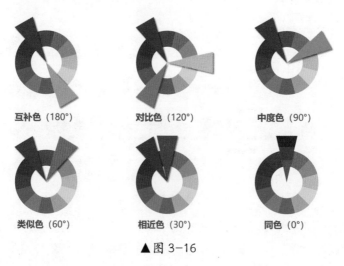

▲图 3-16

公子在制作 PPT 之初，并不明白这个道理，等到学习了色彩知识才发现，有很多双色作品其实采用了相近色、类似色和中度色搭配的方法，如图 3-17 所示。

▲图 3-17

选择颜色时，究竟有怎样的规律呢？如果给我们一个色相轮，该如何取色？公子通过自己的用色经验和思考，总结出色相环配色的三个原则：①取色柔和（不刺眼）；②相隔同距（色感匀）；③处在同环（同亮度），具体如图 3-18 所示。

▲图 3-18

图 3-19 所示的配色方案就是根据上述原理，从 24 色 7 环色相轮上取得的。

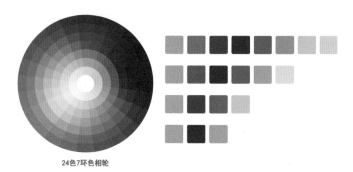

▲图 3-19

明白了配色的原理以后，相信大家今后再也不会为此纠结了。实际上，在日常的工作中，需要自己配色的场景并不多。一是很多企业都有自己的 PPT 配色方案，二是网络中有丰富的配色方案可供参考。

我们完全可以利用取色器"借"走左图的配色方案，如图 3-20 所示。

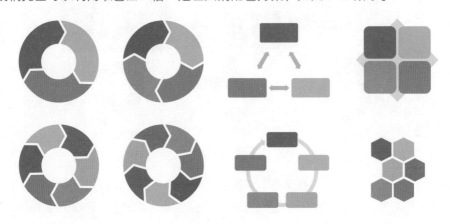

▲图 3-20

4. 背景与文字常用的配色

在设计 PPT 的过程中，什么时候用彩色，什么时候用黑色、白色、灰色呢？图 3-21 这种将大段文字全部设置成彩色的做法合适吗？

▲图 3-21

在 PPT 中使用彩色的主要目的是促进表达，因此，需要注意营造视觉焦点，提高重点内容的视觉辨识度。一般来讲，无彩色多用于普通内容，有彩色多用来突出重点内容，这一点对设置文字色彩尤为重要。

PPT 是视觉呈现的工具，讲究一定的设计美感。因此，不同于 Word 使用默认的纯白色背景和纯黑色文字即可，在多数情况下，PPT 最好采用浅色背景搭配深色文字的方式。浅色背景的 RGB 值在（245，245，245）和（250，250，250）之间，深色文字的 RGB 值在（50，

50，50）和（90，90，90）之间。

深色背景上面必须使用白色文字，不可使用 PPT 默认的黑色文字，如图 3-22 所示。

对于普通文字，应尽量使用默认的色彩，避免二次设置，以提升效率。

对于想要强调的文字，可以使用彩色，也可以设置背景色块，将文字设置为白色。

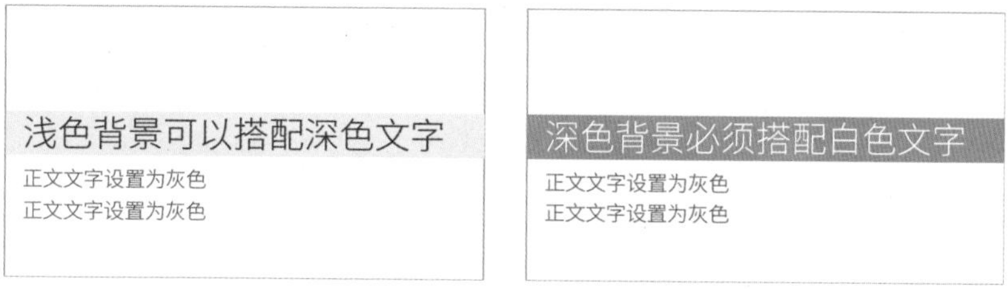

浅色背景可以搭配深色文字

正文文字设置为灰色
正文文字设置为灰色

深色背景必须搭配白色文字

正文文字设置为灰色
正文文字设置为灰色

▲图 3-22

5. 如何设置元素的色彩

如何在 PPT 中设置元素的色彩呢？概括来说，主要有三种方法：取色器法、格式刷法和主题颜色法，如图 3-23 所示。

取色器法　　　　格式刷法　　　　主题颜色法

▲图 3-23

（1）取色器法。使用取色器从备用图形或图片上取色，使用取色器取色的技巧是：通过母版工具将色盘放到页面左侧以便随时取色，用完删除即可。

（2）格式刷法。使用格式刷直接"刷"走形状或文字的色彩，其使用技巧是：先完成 PPT 制作，后期统一"刷"颜色。

（3）主题颜色法。直接从主题颜色中选择颜色，它的使用技巧是：选择主题颜色色盘中的位置，通过更换主题颜色的配色方案，实现一键换色。

6. 不可不知的主题颜色使用技巧

主题颜色是一个 PPT 主题文件（.thmx 后缀名的文件）中的智能化颜色设置模块，包括三大部分，如图 3-24 所示。

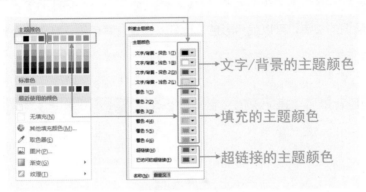

▲ 图 3-24

（1）文字/背景的主题颜色，确定 PPT 文字/背景的颜色的模块，是非常高效、实用的工具，支持一键开关等设置，但太冷门，极少有人用。

（2）填充的主题颜色，填充图形、图表的颜色的模块，也非常冷门，公子认为是否懂得使用该工具可以作为判断是否为 PPT 高手的标准。

（3）超链接的主题颜色，设置超链接文本的颜色的模块，极少使用。

主题颜色就是从主题颜色色盘中选取的颜色，公子认为主题颜色色盘是一个展现颜色的位置，这个位置是一个恒量，而它所展示的颜色是一个变量。当我们从主题颜色色盘中选取颜色时，实际上选择的是具体位置，"谁坐了这个位置，最后被选择的就是谁"。

为什么说主题颜色是不可不知道的 PPT 技能呢？因为它拥有如下三个能够十倍甚至百倍提高工作效率的神技，如图 3-25 所示。

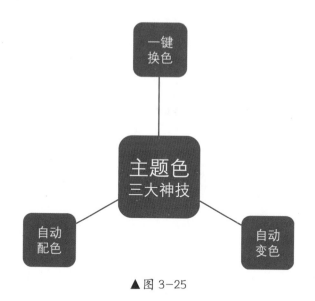

▲ 图 3-25

（1）一键换色。已设主题颜色的 PPT，即文字或图形的颜色是在主题颜色区域选择的、而非通过具体的 RGB 值设置的时候，我们改变颜色时不需要先一个个选中再修改，只需要修改主题颜色即可。这可以极大地提高工作效率。

（2）自动变色。当从别的 PPT 复制素材时，偶尔会发现色彩自动变化了，这是怎么回事呢？这说明原有的素材已经设置了主题颜色，这是个好事情。当已经将 PPT 的具体用色设置成了主题颜色以后，如果复制已经设置主题颜色的素材，PPT 会将素材的颜色自动变成 PPT 当前的色彩，避免一一修改颜色的操作，极大地提高了工作效率。

有的网友说，原来的颜色很好看，我想保留原来的颜色该怎么办？很简单，在粘贴时选择【保留源格式】选项即可，但这会造成 PPT 的颜色不统一。此外，选择【保留源格式】选项进行粘贴以后，如果将这个素材再复制到其他地方，素材就不会自动变色了。

使用一键换色和自动变色这两个神技需要满足两个前提条件：①所设计的 PPT 颜色都是从主题颜色色盘中选择的；②准备复制的 PPT 素材的颜色也是从主题颜色色盘中选择的。

（3）自动配色。插入的文字或绘制的图形、图表会自动匹配当前的主题颜色，如图 3-26 所示。填充的主题颜色决定着图形、图表的颜色。

当事先设置好主题颜色以后，插入的文字、图形、图表或表格的颜色会自动匹配 PPT 的主题颜色，不需要再对它们逐个设置颜色了。由于修改图表、表格的颜色非常麻烦，这个操作对提高效率的作用简直是难以估量。

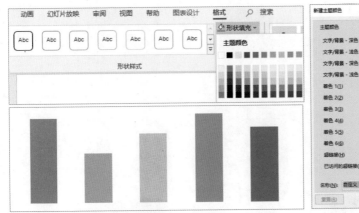
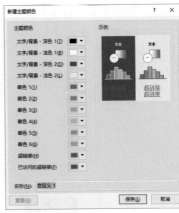

▲图 3-26

　　该如何设置或修改主题颜色呢？操作方法是依次单击【设计】→【变体】→【颜色】选项，从软件备用的主题颜色方案中进行选择。如果没有满足要求的主题颜色，可以通过【自定义颜色】选项来设置，如图 3-27 所示，设置完成后保存。设置前需要准备好各个颜色的 RGB 值，因为在这里无法使用取色器工具。

▲图 3-27

　　应该设置什么样的主题颜色呢？具体选择取决于常用的配色方案，以填充主题颜色为例，公子常用的配色方案是：单色；单色与深灰色搭配；单色与深灰色及浅灰色搭配；多色。

基于上述配色方案，我们可以将填充主题颜色（着色 1 至着色 6）设置成四种类型，如图 3 -28 所示，这样就可以在各种不同的配色方案之间一键切换，不需要进行二次设置。

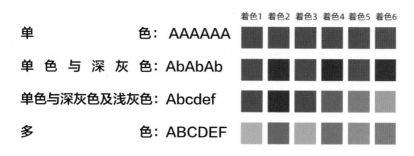

▲图 3-28

📋**小技巧**

新建 PPT 时，系统会使用默认的颜色，如果需要改成预设的主题颜色，需要通过依次单击【设计】→【变体】→【颜色】选项选择。

对主题颜色的使用，公子还需要提醒一点：设置元素的主题颜色时，不能使用取色器取色，但可以使用格式刷"刷"已经设置了主题颜色的元素。因为取色器取的是具体的 RGB 值，而格式刷可以刷主题颜色色盘的位置信息，如图 3-19 所示。

▲图 3-29

公子相信知道主题颜色的人很多，但知道主题颜色中文字 / 背景的主题颜色的人很少。文字 / 背景的主题颜色有什么用呢？该如何设置文字 / 背景的主题颜色呢？

文字 / 背景的主题颜色确定的是 PPT 中文字与背景的颜色及其搭配方案。由于这项技能非常冷门，很难找到相应的教程，因此，公子在这里给大家做个展示。

公子经过测试大红色、大绿色及浅红色、浅绿色，发现在【设计】→【变体】→【背景样式】

中，背景样式和文字各有四种类型、12 种搭配供用户选择。同一列的搭配是一致的，只是颜色有细微的变化，这四种类型的搭配情况如下，其中第一行第一列的样式 1 为新建 PPT 的默认样式，如图 3-30 所示。

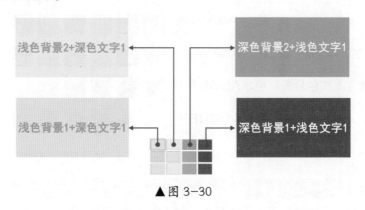

▲ 图 3-30

当新建一个 PPT 时，默认的文字与背景样式是"浅色背景 1+ 深色文字 1"。如果切换背景样式到第二列，搭配结果是"浅色背景 2+ 深色文字 1"。进一步分析这两列会发现，它们都是浅色背景搭配深色文字，不同的是可以设置不同的浅色背景，比如一个是纯白色，另一个是浅灰色，这也是新建 PPT 默认的效果，如图 3-31 所示。

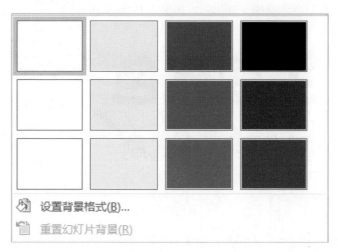

▲ 图 3-31

当切换到第三列和第四列时，奇迹出现了，PPT 自动切换为深色背景和浅色文字。为什么呢？因为第三列是"深色背景 2+ 浅色文字 1"，第四列是"深色背景 1+ 浅色文字 1"，这些都是通过实验得到的结果，如图 3-30 所示。

因此，只要我们从上述样式中选择默认的背景和文字颜色，就可以实现自动切换了。特别是浅色背景和深色背景之间的智能切换，这是一种类似网页设计中的"一键切换为暗色/亮色背景"的功能。

该如何设置文字和背景的主题颜色呢？公子明白了主题颜色的原理之后，特别喜欢使用这个工具，因为它的确能够极大地提高效率。图 3-32 为公子自己的文字和背景设计方案，希望可以给大家带来启发。

深色文字/背景的RGB值的取值范围为（50，50，50～80，80，80）

浅色文字/背景的RGB值的取值范围为（255，255，255）

备用的深色背景：颜色根据场景进行个性化设置

浅色背景的RGB值的取值范围为（248，248，248 ～ 250，250，250）

▲图 3-32

公子经常使用的样式为：当 PPT 的背景为纯白色（浅色 1）时，选择样式 1，此时文字的色彩就是深色 1；当 PPT 的背景为浅灰色时，选择样式 2；当 PPT 背景为深灰色时，选择样式 4，具体如图 3-33 所示。

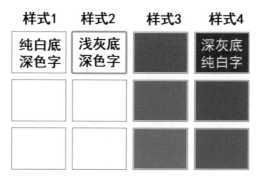

▲图 3-33

由此可见，可以通过该工具设置 PPT 的背景与文字的颜色默认为想要的颜色，只需要设置好主题颜色并保存后，新建 PPT 时再选择该设置就可以了。

同时，这几个样式是可以自由切换的，特别是当将浅色背景切换为深色背景时，文字也会自动变化，这就是"一键开 / 关灯"效果。实现这个效果的前提是文字与背景的颜色是选择的样式里自带的颜色，而不是通过设置具体的 RGB 值得到的个性化颜色。

3.2.3 模板及素材的使用

1. 专业化的 PPT 模板是怎样的

大多数人第一次做 PPT 都是从套用模板开始的。毕竟不是每个人都擅长设计，而套用模板极大地提高了效率，但模板与模板之间还是存在差异的，选择专业的模板才能事半功倍。

选择专业的模板不光要从审美的角度来考虑，还要考虑其是否便于我们套用，即更高效、更简单地套用。此外，模板还要具备较好的设计感，设计专业、内涵丰富，具体包括如下特点。

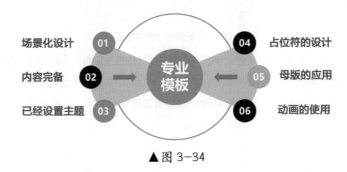

▲图 3-34

（1）场景化设计。即模板的设计元素符合使用场景的需求，如毕业答辩 PPT 就应该包含较多的校园元素。

（2）内容完备。这包含两个方面的内容：一是模板的框架完备，封面、封底、前言页、目录页、过渡页、答疑页、正文页、标题栏等内容比较齐全；二是内容的逻辑完备，当面临制作任务毫无头绪时，可以做到按照其设定的逻辑填充自己的内容就好，企业简介、入职培训、校招宣讲、年会颁奖等场景化明确的 PPT 模板最好是内容完备的。

（3）已经设置主题。已经设置过主题字体、主题颜色，方便一键改变字体、颜色等。

（4）占位符的设计。多使用图片占位符，以方便替换图片。不需要所有的设计都使用占位符，但图片一定要设计成占位符的形式，以便于替换图片。

（5）母版的应用。使用幻灯片母版可以让设计更高效，套用更简单。设置母版非常简单，依次单击【视图】→【幻灯片母版】选项就可以打开修改母版的界面。

（6）动画的使用。无论是否需要，专业的模板一般都包含动画，如果不需要动画，设置成放映时不显示动画即可。

2. 如何套用 PPT 模板

拿到一份 PPT 模板的时候，不要急着套用，先打开 PPT 模板分析一下。

（1）替换。我们发现有些模板的文字改不了、图片删不掉，这是怎么回事？这是因为没有找到要修改内容的正确位置。在套用模板的过程中发现这种情况时，要打开幻灯片母版，看哪些内容需要在母版中替换，哪些内容需要在当前页替换。

（2）取舍。不是模板中的每一页都可以使用，套用模板前应该先打开文件大概浏览一下哪些页面可以使用，哪些页面可能用不着，在确保模板有备份的情况下，先对模板进行适度的删减。

（3）改造。如果模板的主题不符合使用的场景，或模板自身的设计不够专业，我们可以对模板进行升级、改造。分析时记录下准备进行哪些操作，然后逐一实施。

完成初步的分析之后，就可以对模板进行套用了。然而，我们经常会发现一个专业的 PPT 模板被套用后变得面目全非，让人哭笑不得。套用过程中发生了什么事情？有哪些我们需要注意的点？公子对此进行了总结

专业的模板提供了一个审美的标准，套用模板的首要要求就是美学水平不下降。保持美学水平的关键在于在套用时严格遵照原有的设计准则，如果不是高手，不要轻易突破原有的规则，如文字的大小、色彩、行距、段间距、页边距等。

当然，大多数模板也仅限于设计了框架和一个审美的标准，很多具体的内容还是需要借助其他素材进行补充设计。这个时候就要求我们引用其他素材时进行风格的改造，保证页面的风格与模板的风格不偏离，即添加文字、图表等元素时和模板的风格保持一致，具体要求如下。

①文字。字体、行距、段间距、动画与模板一致。

②色彩。文字、图表、色块等内容的色彩与模板一致。

③图表。立体、扁平、动画等效果与模板一致。

④图片。图片的边框、阴影、动画等与模板一致。

尽管是套用模板，但是很多人在配色方面还是非常头疼的，公子认为，配色其实没那么难，尽量不要脱离模板的色彩区域即可。如果图表项目非常多，可以调整原有色彩的亮度或使用不同亮度的灰色设置新的颜色。

如何保持风格一致呢？一定要用好格式刷、动画刷和取色器这三个神器。在保持风格一致方面，公子总结了如下经验。

①文字：在模板的文本框中直接输入文字或复制文字到模板的文本框中，并选择"只保留文字"选项。

②色彩：可以在幻灯片母版的总版中设置色盘，以便随时用取色笔取色，取色完毕后可以删除色盘。

③图表或图片：可以先制作，最后统一用格式刷、动画刷设置格式。

3. 如何改造 PPT 模板

模板毕竟只是模板，不可能和我们设计的内容完全匹配，比如目录或图表等项目的数量，要根据实际情况来增、删内容。但有的时候，原有的目录或图表非常专业，我们改不了，或修改后就丢失了原有的设计感，这时候可以考虑优化自己的内容使之与模板匹配。

很多人希望找到与使用场景完全匹配的模板，这不太可能，除非模板作者和你做同样的工作。其实，有些很漂亮的模板或 PPT 作品，虽然不符合主题，但是经过改造是可以使用的。该如何改造模板呢？可以采用如下方式。

（1）场景化改造。我们应该主要从场景和审美两个角度来寻找模板。当从场景的角度没有找到合适的模板，但从审美的角度发现了不错的模板时，可以将其改造成适合使用场景的 PPT。方法很简单，就是把与场景无关的设计元素包括冗余的设计元素删除，增加或替换适合使用场景的设计元素，如图标、图片、色彩、版式等。

（2）专业化改造。并非所有的模板都是专业的模板，有的只是比较优质的 PPT 作品而不是模板，此时，我们可以将其改造成为专业的模板以方便套用。可以根据使用场景灵活设计内容框架，对主题颜色、主题字体进行必要的设置，对母版中图片占位符、标题栏、页码、参考线等进行必要的设置。

如果学会了改造 PPT 模板，那么基本就可以自己设计 PPT 模板了。

4. 借用素材快速创建新的模板

小时候，公子的衣服不是买的，是扯布找裁缝做的，做衣服剩下的布料自己再拿回来。后来，母亲用这些边角料给我做了一件新衣服，使得我欢欣雀跃。

长大后，家里不怎么煮饭，常常点外卖。偶尔，媳妇把冰箱里剩余的食材拼凑起来，做出几道菜，竟也颇令人惊喜。

做 PPT 也是这样。不要期望有一个完全匹配的模板供我们套用，要善于整合现有的资源，用自己的一双巧手来创造惊喜。

在整合资源前，要先从现有的资源里挑选可以使用的素材。当面临制作一个全新 PPT 的任务时，很多人的大脑一片空白，这时可以先浏览素材库，挑选那些有用的素材，比如封面、封底、目录页、过渡页、标题栏等。

很多人制作 PPT 都喜欢套用模板，为了避免"撞衫"，应该尽量从多个作品中选取素材，通过整合资源的方式创建新的模板，公子不建议直接在原有的作品上进行修改，原因有如下两点。

（1）原有的作品附带很多设计模板时的内容，如幻灯片母版的设置、填充的背景、动画、字体、备注栏等，内容冗杂。有些 PPT 还是利用低版本的软件制作的，导致打开较慢。

（2）在很多 PPT 模板或 PPT 作品中，作者会有意无意地留下个人信息，这些信息本来也没有什么，但如果制作的 PPT 是用于参赛或者商用等讲究原创性的场景，这些信息往往会带来麻烦，最好还是删除原作者的信息。如果无法删除，不如新建 PPT，再借用原有的资源。

？小问题

你知道 PPT 中有哪些不为人知的"彩蛋"隐藏了原作者的信息吗？公子总给了如下几种。

（1）作者信息。这是 PPT 自动生成的，在文档处于关闭的状态，右键单击文档，依次选择【属性】→【详细信息】选项，可以看到作者及最后一位保存者的信息，如图 3-35 所示。作者信息是可以手动更改的。

▲图 3-35

（2）备注栏。备注栏一般会在演示者视图的模式下展示出来，起到辅助演讲的作用。备注栏在 PPT 页面的正下方，一般是隐藏的，将鼠标光标移动到页面底部，当鼠标光标变为上下箭头以后，按住鼠标左键从下向上拖动，备注栏就会出现。可以在备注栏中输入文字，因此也就可以留下作者的信息了，如图 3-36 所示。

▲图 3-36

（3）对象名称。这个功能比较冷门。在 PPT 的页面上，每一个元素都会自动生成一个名称，这些名称可以被修改，如果在这里设置了作者信息，可以依次选择【开始】→【选择】→【选择窗格】选项，双击这些信息对其进行修改，如图 3-37 所示。

▲图 3-37

（4）母版名称。这个功能相当冷门。当我们用鼠标右键单击 PPT 的当前页，然后单击【版式】选项时，会发现每一个版式都有不同的名称，这些名称也是可以被修改的，如图 3-38 所示。

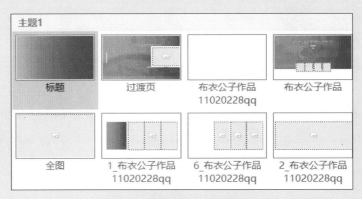

▲图 3-38

（5）占位符名称。这个功能虽然冷门，但是比较容易被发现。如果模板中的文字或图片是使用占位符设计的，当把模板中原有的元素删除后，占位符就会暴露出来，而占位符会自带原有的提示文字，如图 3-39 所示。这些提示文字也是可以被修改的，但需要在幻灯片母版中进行修改。

▲图 3-39

（6）数据图表。当我们用鼠标右键单击数据图表，选择【编辑数据】选项后，就进入了编辑数据图表的状态，在这里面可以留下编辑数据图表的相关信息，也可以留下作者的相关信息，如图 3-40 所示。

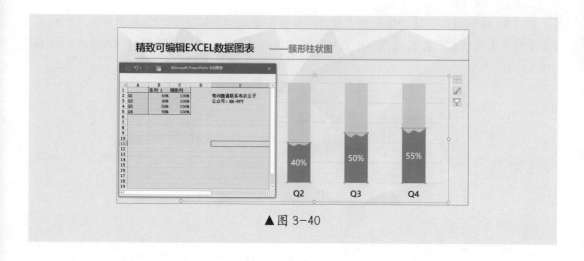

▲图 3-40

5. 复制的素材大小发生了改变时该怎么办

在制作 PPT 时，常需要借鉴别的 PPT 中的图表或资料等素材，但复制过来的素材偶尔会出现大小发生改变的情况，如图 3-41 所示。这是什么原因导致的呢？应该怎么办呢？

▲图 3-41

我们先分析一下导致问题的原因。依次选择【设计】→【幻灯片大小】→【自定义幻灯片大小】选项，分别打开素材所在 PPT 和新 PPT 的幻灯片大小对话框，可以发现二者的页面比例同为 16：9，但尺寸不一样，如图 3-42 所示。

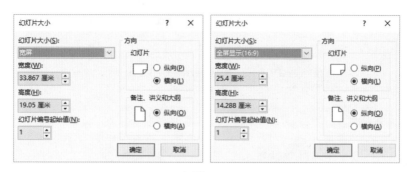

▲图 3-42

16 : 9 是当前主流 PPT 的页面比例，2010 及之前版本的 PowerPoint 默认的页面尺寸是 25.4 厘米 ×14.288 厘米，在【幻灯片大小】里显示的名称是"全屏显示（16 : 9）"，2013 及之后版本的 PowerPoint 默认的页面尺寸是 33.867 厘米 ×19.05 厘米，在【幻灯片大小】窗口里显示的名称是"宽屏"。

至此，导致问题的原因就可以分析出来了。两张 PPT 如同两套房子，户型一致，但是面积不同。刚开始住的房子小一点，因此客厅里的电视机虽然不大，但看起来很合适。后来搬到了大房子，将原来的电视机带过去安装在新客厅里，会觉得电视机偏小。

怎么解决这个问题呢？早期，公子都是选中素材后按 Ctrl+G 组合键进行组合后再调整，但是这样操作存在以下三个问题。

（1）组合后调整大小时，图形、图片会跟着一起改变，但文字却不会发生变化。

（2）如果原有的素材有动画效果，组合后原有的动画效果都将消失。

（3）要想恢复动画效果，需要先组合、拉伸（或缩小），再取消组合，并对文字部分重新排版，重新添加元素动画，非常影响制作效率。

公子从事人力资源与企业文化方面的工作，在开发课件的过程中需要大量借鉴网络中的资料，而在复制素材时常出现此类情况，令人困惑很久。

后来，公子灵机一动。如果把原素材所在 PPT 的页面尺寸由"全屏显示（16 : 9）"改为"宽屏"，也就是将 PPT 页面的大小由 25.4 厘米 ×14.288 厘米改为 33.867 厘米 ×19.05 厘米后，再复制素材，效果将会如何呢？

问题被解决了！原来，素材会随着 PPT 尺寸的改变而等比例改变。页面尺寸由小变大是这样，如果页面尺寸由大到小，会发生什么呢？

经测试，如果将 PPT 尺寸由大改小，会跳出图 3-43 所示的对话框。

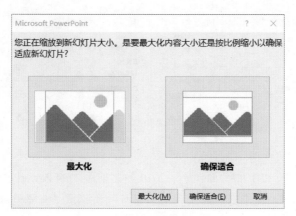

▲图 3-43

我们的目的是将内容按比例缩小，所以，单击【确保适合】按钮即可。

此技能虽简单易用，但其用途绝不止于此，当我们复制素材时，素材偏大或偏小是经常会遇到的问题，完全可以借助此方法对素材进行微调。

比如，如果复制的某一个图表偏小了，想要将其增大到原来的 120%，就可以将图表所在 PPT 的尺寸等比例扩大为原尺寸的 120%，其图表就可以一起跟着变大，这时再复制、使用即可。

6. 切换幻灯片尺寸

有关幻灯片尺寸的知识提及的人不多，因此，这部分内容貌似不重要，但如果不搞明白，麻烦还真不少，特别是在不同尺寸间进行切换的时候，若不懂这个知识，只能重新设计了。

通过依次选择【设计】→【幻灯片大小】选项，查看幻灯片的尺寸比例可以发现，最常用的宽高比是 4 ：3 和 16 ：9，4 ：3 已经渐渐被淘汰，现在主流的比例是 16 ：9。

继续单击【自定义幻灯片大小】选项并展开，可以发现有多种尺寸可供选择。其中，4 ：3 的比例对应的尺寸是 25.4 厘米 ×19.05 厘米；16 ：9 的比例对应两种尺寸，分别是 33.867 厘米 ×19.05 厘米和 25.4 厘米 ×14.288 厘米，如图 3-44 所示，这是为什么呢？

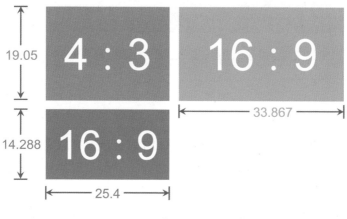

▲图 3-44

公子认为，当初微软将 PPT 的页面比例由 4：3 更改为 16：9 的时候，采用了两种方法：一种是保持宽度（25.4 厘米）不变，将高度（19.05 厘米）缩短为 14.288 厘米；另一种是保持高度（19.05 厘米）不变，将宽度（25.4 厘米）加长到 33.867 厘米。

由于模板的套用、资料的引用或公司的要求，我们有时候不得不在各种尺寸间进行切换，这里列举两种典型的案例，其他情况可以参考这些案例。

（1）第一种情况：将 PPT 的比例由 4：3 改为 16：9，方法是将尺寸从 25.4 厘米 ×19.05 厘米改为 33.867 厘米 ×19.05 厘米。如果使用的是 2013 或以上版本的 PowerPoint，也可以直接在【设计】→【幻灯片大小】中把比例从标准（4：3）改为宽屏（16：9），然后再调整每一页的排版方式即可，这种方法比重新制作更快。但是使用这种办法时，要对原有的 PPT 做好备份。

如果发现有的图片或图形因拉伸而失真了该怎么办？这时候备份的 PPT 就派上用场了，用备份 PPT 中的素材替换因拉伸而失真的素材即可。

（2）第二种情况：将 PPT 的比例由 16：9 改为 4：3，方法是把 PPT 的尺寸从 33.867 厘米 ×19.05 厘米改为 25.4 厘米 ×19.05 厘米，在弹出的对话框中单击【确保适合】按钮。如果 PowerPoint 是 2013 或以上版本，也可以直接在【设计】→【幻灯片大小】中把比例从宽屏（16：9）改为标准（4：3），再单击【确保适合】按钮，然后调整每一页的排版方式即可，这种方法也比重新制作更快。同样的道理，对原有的 PPT 要做好备份。

通过试验不同情况下调整尺寸带来的变化，我们会发现，当 PPT 采用【幻灯片背景填充】的方式设置了全图背景，调整了尺寸后，如果图片因压缩而失真，需要更换幻灯片的背景图片。

如果发现有的图片或图形因压缩而失真，和之前的操作类似，用备份 PPT 中的素材替换因压缩而失真的素材即可。

3.3 整齐规范

整齐规范即 PPT 的文字、段落、图形、图表、图片、图标等要做到整齐有序，如同美女一样，五官端正、容貌俏丽。

3.3.1 对齐与参考线

整齐规范是设计 PPT 的基本要求，相当于 PPT 排版的对齐原则，体现了 PPT 版式的几何布局之美，页面上的每个元素都应当与页面上的另一个元素有某种视觉联系，如边界对齐、等距分布、几何对称等。

如何实现对齐和对称呢？主要利用两个工具：对齐工具、参考线工具。

1. 对齐工具

对齐工具可以说是 PPT 中使用最频繁的工具之一，包括 左对齐、左右居中（垂直居中）、右对齐、顶端对齐、上下居中（水平居中）、底端对齐、横向分布、纵向分布，如图 3-45 所示。

▲图 3-45

当选中需要对齐的对象后，依次选择【格式】→【排列】→【对齐】选项可调用对齐工具，也可以右键单击需要对齐的内容调出对齐工具，并将其添加至快速访问工具栏中以方便快速调用。

可能很少有人注意到，对齐工具还包括 "对齐幻灯片" 和 "对齐所选对象" 选项，如图 3-46 所示。

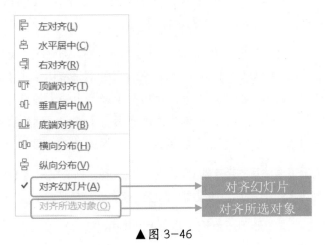

▲图 3-46

它们有什么区别呢？公子总结了如下内容。

（1）对齐幻灯片。以幻灯片作为对齐的基准，当所选对象的数量为 1 时，如果用户使用对齐工具，软件默认选择【对齐幻灯片】选项。

（2）对齐所选对象。以所选对象作为对齐的基准，当所选对象的数量大于等于 2 时，如果用户使用对齐工具，软件默认选择【对齐所选对象】选项，但此时也可以勾选【对齐幻灯片】复选框。比如，同时选中两个对象并勾选【对齐幻灯片】选项时，单击【左右居中】选项，则两个对象都会在幻灯片中沿垂直方向居中。

2. 参考线工具

大家可能对对齐工具比较熟悉，但用过参考线的人可能就没那么多了，参考线如同木匠的墨斗，是 PPT 设计人员必不可少的工具。

公子的父亲曾是个木匠，如今已退休多年，除了偶尔砍柴用到斧头、锯，家中的那些工具早已随往事一起尘封在屋子的一角。我最喜欢墨斗。相传墨斗是鲁班发明的，是木工在木材上画直线的工具。幼时我常帮父亲拉墨斗的线头，父亲一手拿着墨斗，一手拉起墨线，"啪"的一声，手松线落，一条笔直漆黑的线就出现在木板上了。

▲图 3-47

参考线的作用和墨斗的作用一样，是 PPT 中非常重要的对齐工具。关于参考线，PPT 设计师需要了解以下内容。

（1）显示参考线。可以按 Alt+F9 组合键，也可以通过单击【视图】选项后勾选【参考线】复选框显示参考线。

（2）移动、增加与删除参考线。默认的参考线位于页面的横向和纵向居中的位置，可以直接被移动，若将其移动到页面边缘之外，参考线将会消失，若按住 Ctrl 键再移动参考线，则会复制出一条新的参考线。

（3）定位参考线。可借助网格线精确定位参考线，也可以借助参考线与中心点的距离数值来定位参考线，当参考线移动时会出现一个数值，居中时这个数值为 0，即页面的中心点是参考线的起点。

（4）在母版中添加参考线。为了避免排版时不小心移动参考线，可在幻灯片母版的 Office 主题页中添加参考线，母版的参考线默认是橙色的。这一功能在 2013 及以上版本的 PowerPoint 中才有。

3.3.2　跨页对齐

大家有没有遇到过"放映 PPT 的时候，标题栏的文字反复跳跃"的情况？这很有可能是因为没有进行跨页对齐。

对齐是 PPT 排版的四大基本原则之一，边界对齐是最基本的排版常识。严格来讲，PPT 的对齐不仅仅是单个页面的边界对齐，跨页的边界也要对齐，即上、下、左、右边缘留白的距离应该一致。这样，即使把 PPT 打印出来进行装订或裁剪，也不会出现问题。

因此，在 Office 主题页对标题栏绘制跨页对齐参考线是非常有必要的，具体参考图 3-48 所示的案例。

▲图 3-48

3.3.3　对称排版

自然界中的对称无处不在，我们只要稍微注意一下，就会发现自己生活在一个充满对称的世界里：每片雪花的晶体是对称的，一只蝴蝶的双翼是对称的，作为万物之灵的人，当我们站立时，也是对称的……如图 3-49 所示。也许正是这种无处不在的状态让我们感觉对称是美的。

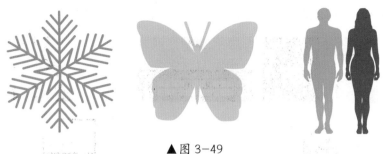

▲图 3-49

为什么自然界如此偏爱对称？是谁设计了这么多高度完美的对称？这个问题可能很多人都回答不出来，但这并不妨碍人们把对称应用到各种设计场景中去，如桥梁、建筑、工具、设备等，如图 3-50 所示。

▲图 3-50

实际上，采用对称的结构进行设计对很多人来说并非刻意为之，而是习惯使然。比如，公子在设计 PPT 时，就会不自觉地使用大量的对称版式。对称是永不过时的经典版式。

一般来说，对称有以下几种形式。

（1）元素对称。PPT 页面中的元素按照对称的方式进行布局，如图 3-51 所示。

▲图 3-51

（2）版式对称。PPT 的页面版式按照对称的方式进行布局。其中，倾斜对称的版式虽然不能对折重合，但可以旋转重合，这种对称被称为旋转对称，如图 3-52 所示。

▲图 3-52

（3）元素与版式混合对称。在版式对称的基础上，对视觉元素也进行对称布局，如图 3-53 所示。其中，右下侧两个页面的元素对称属于旋转对称。

▲图 3-53

如何实现 PPT 中的元素对称呢？具体有以下几种方法。

①直接排列法。这是较为原始的方法，要求利用好【格式】中的【对齐】与【组合】这两个工具，主要步骤是先绘制好图形，再进行排列布局，如图 3-54 所示。

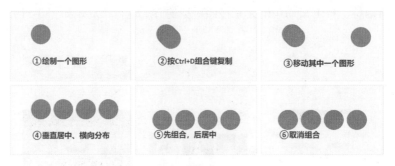

▲图 3-54

②参考线法。这是比较便捷的方法，需要利用好【视图】中的【参考线】这个工具。绘制好图形后，按住 Ctrl 键再拖动参考线，可以在居中的参考线的两侧增加两条与居中的参考线等距的参考线，然后根据自动对齐线进行排版即可，如图 3-55 所示。

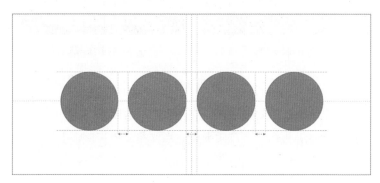

▲图 3-55

如何实现版式对称呢？可以采用渐变设置法。右键单击幻灯片，依次单击【设置背景格式】→【填充】→【渐变填充】选项，将【方向】设置为【线性向右】，保留两个渐变光圈，删除多余的渐变光圈，并将渐变光圈设置为指定的颜色，再将位置都设置在 50% 处。若想要版式旋转对称，调整角度就可以了。具体参数如图 3-56 所示。

▲图 3-56

需要提醒大家的是，低版本的 PowerPoint 实现不了这样的效果。此时，可以直接手绘色块实现版式对称。

如果是左右对称或上下对称的版式，可以借助 PowerPoint 默认的垂直或水平方向的参考线来绘制色块，色块会自动与居中的参考线对齐，非常方便，如图 3-57 所示。

▲左右对称版式　　　　　　▲上下对称版式

▲图 3-57

如果是倾斜的版式，最直观的方法是：先绘制一个刚好铺满 PPT 页面的矩形（尺寸是 33.867 厘米 × 19.05 厘米），再绘制一个矩形，适当倾斜后依次单击【合并形状】→【相交】选项相交，就可以得到倾斜的版式，如图 3-58 所示。具体的倾斜角度及面积，可以参考类似的版式，类似的资源非常多。

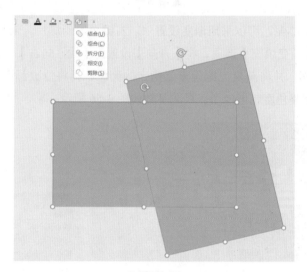

▲图 3-58

3.4 浅析高质量的 PPT

随着时代的发展，大家的欣赏水平在不断提高，对设计的要求也越来越高，相信很多人都被领导或客户退回了熬夜加班完成的 PPT，因为质量不够高。

高质量 PPT 是什么样的？有什么特点呢？公子总结了高质量 PPT 的四个关键词：极简、全图、创意、潮流。希望这几个关键词能够给大家带来启发。

3.4.1 极简

　　今天，很多人都在讲极简主义。其实，公子认为宋朝是最早的极简主义社会。宋朝的匠人用泥土烧出了类似雨后天空的天青色，如图 3-59 所示，做出了造型简单、素雅、没有任何花哨的装饰、具有朴素的内涵与耐看的质感的瓷器。

▲图 3-59

　　这也许就是极简之美的至高境界吧。从设计 PPT 的角度来说，公子认为极简是高质量 PPT 的第一个关键点。

　　PPT 的极简体现在两个方面：文字内容要精简、凝练；版面要去除干扰项。如果我们的 PPT 充满了文字，页面像圣诞树，和高质量肯定不沾边了。

　　图 3-60 左侧是从网络中搜集的介绍 3M 公司的 PPT，是一个把 PPT 当 Word 使用的典型案例，而右侧是将文字精简、提炼后，套用高质量的 PPT 模板得到的 PPT。

▲图 3-60

　　在生活中，如果把事情变简单一点，生活往往会变得更好，设计 PPT 也遵循同样的道理。如果能去除那些不必要的、烦琐的设计和干扰项，只保留最核心的内容，往往能给观众一种简单、整洁、有序的感觉。

　　图 3-61 左侧是某公司 2017 校园招聘宣讲原始版本的 PPT，页面的视觉干扰项多，导致

标题不醒目；右侧是优化后的版本，清除了视觉干扰项，将原图片替换为和公司相关的图片，整个 PPT 的主题更加突出，特点更加鲜明。

▲图 3-61

3.4.2 全图

曾经有朋友问公子，如果要设计一个高质量的封面，该怎样操作。我告诉他，最容易实现的高质量设计就是全图型设计。如果说 PPT 是辅助表达的工具，那全图型 PPT 就是将表达做到了极致，能够让 PPT 更有视觉冲击力。有人可能会说，既然全图型 PPT 这么好，把所有 PPT 都改为全图型设计好了，但事实并非如此简单。全图型 PPT 并不容易制作，它需要精练的文字、丰富的创意以及贴切的图片，如图 3-62 所示。

▲图 3-62

同时，全图型 PPT 是"大餐"，虽然读者看起来很爽，但不能只吃这一种，平时还需要一些"清粥小菜"。因此，一份完整的 PPT，没有必要每一页都是全图型 PPT，封面、封底或关键的内容页制作成为全图型 PPT 即可。

如何将图片设置为全图型 PPT 需要的样式呢？有三种常用的设置图片的方法：①按照特定的长宽比裁剪，即将图片粘贴到 PPT 中以后裁剪为 16：9 或其他符合幻灯片尺寸的长宽比；②设置幻灯片背景，即先选择需要的部分并裁剪图片的长宽比为 16 ：9（可借助 PS）后设置为幻灯片的背景；③使用图片占位符，即通过在母版中设置与页面大小一致的图片占位符实现图片的自动裁剪。具体如图 3-63 所示。

按照特定的长宽比裁剪　　设置幻灯片背景　　使用图片占位符

▲图 3-63

进行全图型 PPT 的设计时，选择高质量的图片非常重要。什么样的图片算是高质量的图片呢？公子总结了三大类：①时尚素雅的商务类图片；②唯美文艺的小清新类图片；③展示宇宙、山川、城市等内容的格局宏大的图片，如图 3-64 所示。

▲图 3-64

是不是普通的图片就无法做出高大上的效果了？也不是。如何将平淡无奇的图片设计成高质量的全图型 PPT 呢？可以参考图 3-65 这个案例，公子觉得这个设计效果非常好，值得大家借鉴。

案例来源于PSD格式的文件
给图片添加淡蓝色的透明蒙板
给文字添加浅紫色的透明蒙板

A VISION FOR THE FUTURE

▲图 3-65

通过 PS 打开原始文件后才发现，其底层原本只是一张极普通的商务类图片，只是因为添加了蒙板，其效果就变得非常不一般了。所以，要多拆解、多分析一些高质量的设计，然后不断学习。图 3-66 是公子模仿上述案例做出来的设计方案。

墨斗

▲图 3-66

如何添加蒙板呢？首先，添加一个深色的色块，可以是黑色的也可以是其他颜色的；然后，设置一定的透明度，或设置渐变的透明度，得到的效果如图 3-67 所示。

▲图 3-67

将色块置于图片之上，也是一种非常常见的全图型 PPT 的设计方式，其有三种经典的搭配：给色彩偏暗且颜色趋于统一的彩色图片添加白色蒙板与白色文字；给黑白的或色彩单一、接近黑白的图片添加彩色色块与白色文字；给色彩鲜艳的彩色图片添加白色色块与黑色文字，如图 3-68 所示。

▲图 3-68

如果觉得直接放置文字或色块显得单调，则可以添加个性化的色块，或者给图片添加线条，还可以设置镂空、磨砂玻璃等效果，如图 3-69 所示。

▲图 3-69

兵无常势，水无常形。每一张图片都有其特点，因此，对于全图型 PPT 的设计，顺势而为很重要。无论是文字或色块的放置，还是图表的设计，都要依据每张图片自身的特点进行有针对性的构思和排版，如图 3-70 所示。

▲图 3-70

为了满足设计的需要，可以对图片进行深加工，如进行裁剪、将彩色照片变成黑白照片、调整局部饱和度、模糊化处理等，如图 3-71 所示。

▲图 3-71

　　图 3-72 是对背景图片进行裁剪的案例，使用 PPT 自带的裁剪工具裁剪图片就可以，裁剪图片的目的是保留更适合排版的部分。

▲图 3-72

　　图 3-73 是将背景图片从彩色照片改为黑白照片的案例，具体操作步骤为先双击图片，然后依次单击【颜色】→【颜色饱和度】选项，设置饱和度为 0%。

▲图 3-73

　　图 3-74 是调整背景图片局部的饱和度，这个效果借助 PS 比较容易实现，但在 PPT 中实现就比较麻烦了。具体操作思路是借助任意多边形工具裁剪出红辣椒部分，然后放置到黑白照片上。

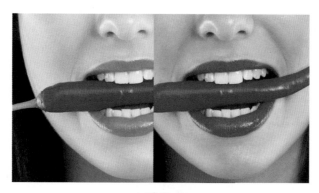

▲图 3-74

3.4.3 创意

创意，就是制造不同寻常、让人以眼前一亮的感觉，就是有设计感，创意可以体现出设计者的用心程度，如图 3-75 所示。

▲图 3-75

公子总结了创意的三个来源：①审丑，不满意就重来；②模仿，不要闭门造车；③多做，用量变引起质变。创意是有套路的，但杀死创意的也是套路。创意离不开天马行空的想象力。

▲图 3-76

一个人的设计是否有创意，显示了这个人的审美水平，以及这个人能否严格要求自己，不断推陈出新。对不满意的设计要坚决推倒重来，这样才能不断设计出更有创意的作品。

3.4.4 潮流

　　为什么大多数人都喜欢跟着潮流走？因为只有极少数人才能引领潮流。如果我们的 PPT 贴合当前的流行风格，自然也会让别人眼前一亮，向制作高质量的 PPT 又迈进了一步。PPT 的流行风格多来自前沿的 PS 或 AI 设计素材，可搜集相应素材并加以模仿。

　　当前比较流行的微立体风格的 PPT，就是将矢量微立体图表引入 PPT 设计而诞生的，如图 3-77 所示。

▲ 作品《S002-创意微立体信息图一百例》的微立体

▲图 3-77

　　随着模仿的深入，特别是挑战高难度的模仿任务的时候，我们的经验也会在不经意间持续增加。图 3-78 中的 PPT 成功模仿了原设计方案的配色、文字版式、文字长投影、低面素材填充的低面风格等内容。

▲ 作品《S006-工作计划通用PPT 》的封面设计

▲图 3-78

　　对于潮流的设计风格、设计素材，甚至可以将其直接引入 PPT 的设计中。比如，图 3-79 就是将 2.5D 插画风格引入 PPT 的典型案例。

▲图 3-79

3.5 制作 PPT 的关键页

封面、封底、目录页、过渡页等 PPT 的关键页是整个 PPT 的"颜值担当"，它的视觉效果最能体现一个人的设计水平。

3.5.1 封面

封面非常重要，举个例子，对于专业设计师来说，收费 PPT 模板能否吸引买家购买，关键就在于封面是否吸引人。不过，封面不需要设置得花里胡哨，而是需要契合使用场景，排版要高端、大气，标题要清晰、醒目。封面的版式设计非常难，公子建议大家多模仿、多积累设计经验，从而提升自己的审美水平。

对于封面设计，公子总结了以下套路。

（1）套路一：采用全图型设计方案，顺势而为。采用完整的图片作为背景，利用图片自身的特点，灵活铺设标题文字，打造浑然天成、醒目、大气的效果，如图 3-80 所示。

▲图 3-80

（2）套路二：采用全图型设计方案，设置低腰色块放置标题。全图型封面最流行的一种设计方式是图片辅以低腰色块上的白色标题，这种设计方案简单、大气，如图 3-81 所示。

▲图 3-81

（3）套路三：采用全图型设计方案，设置标题为透明、镂空。如果不想让色块割裂全图，可以采用文字部分镂空的色块，这样可以保持图片的完整性，不仅大气而且非常具有设计感，如图 3-82 所示。

▲图 3-82

（4）套路四：采用全图型设计方案，镶嵌色块。为了保持图片的完整性，可以结合图片自身的特点，镶嵌一个色块并添加白色的标题，如图 3-83 所示。

▲图 3-83

（5）套路五：采用半图型设计方案，左右分离或者上下分离。图片与色块拼接，各占页面的一半，左右分离或上下分离排版可以使得设计方案规整、大气，还可以借助图标、图形等让排版更加活泼，如图 3-84 所示。

▲图 3-84

（6）套路六：多张图片巧妙拼接。将多张图并排放置，标题居中放置，得到的结果也很大气。如何实现巧妙拼接呢？除了简单的对齐，还可以找一些精美的矢量素材来填充图片，如图 3-85 所示。

▲图 3-85

（7）套路七：用弧形切割色块。可以采用被弧形切割的色块与背景结合起来的方式设计封面。背景可以是图片，也可以是其他颜色的色块，并可以辅以矢量素材，如图 3-86 所示。

▲图 3-86

（8）套路八：在幻灯片中间放置色块，在色块上添加标题。这种风格醒目、大气，排版方便。色块底部可以是黑白灰背景，也可以是图片、纹理或类似纹理的矢量素材（如低面多边形、图标等），如图 3-87 所示。

▲图 3-87

（9）套路九：色块搭配 PNG 格式的人物。色块与 PNG 格式的人物的组合是非常简单、易用的封面设计方式，其特点是文字左对齐或右对齐，这种设计方式不会给人居中对齐那种大气磅礴的感觉，但会给人精致的感觉，如图 3-88 所示。

▲图 3-88

（10）套路十：色块拼接。在浩瀚的矢量素材中，有一些版式非常适合做 PPT 的封面，比如色块的拼接或重叠，不需要使用 AI 软件，可以用 PPT 临摹出来非常棒的效果，如图 3-89 所示。

▲图 3-89

（11）套路十一：使用扁平风格的卡通人物。此种封面一般适用于扁平风格的作品，其技巧是不拘泥于素材本身，大胆利用卡通人物结合色块来设计，如图 3-90 所示。

▲图 3-90

（12）套路十二：利用版式插画。在矢量素材中，有很多可以直接拿来制作封面的版式，也有一些插画可以和色块组合起来设计封面。要点在于不用拘泥于素材本身，加点创新就是非常不错的封面，如图 3-91 所示。

▲ 图 3-91

3.5.2　封底

有朋友问，设计封面累得都要吐血了，封底还要用心设计吗？作为资深的 PPT 爱好者，公子也曾经这么怀疑过。因此，我早期的作品，特别是前 20 个作品，一直使用同一个封底，而且是从别人的作品中"借"过来的。

后来，秋叶老师建议我要重视封底的设计，毕竟每一个作品的风格都不一样。而且，设计封底能够不断提升我们的创新能力。

封底一般用于表示感谢、展示作者信息。表示感谢一般使用"谢谢""谢谢大家""Thanks"或"Thank You"等内容。作者信息一般是邮箱地址、电话号码等内容，也可以根据版式添加二维码，如图 3-92 所示。

▲ 图 3-92

风格统一是设计专业 PPT 的基本要求，而封底与封面更要保持风格上的高度一致，但一致不代表相同，否则会给人偷懒的感觉，封底虽然低调但也要配得上封面才行，如图 3-93 所示。

▲图 3-93

图 3-94 展示了公子作品中比较有代表性的几个案例，其封面和封底的元素、设计风格都非常类似，让人感觉它们的确是同一个作品中不同的页面。

▲图 3-94

如果不是专业的设计师，使用通用的封底也是个不错的选择。的确，每次都专门设计封底太麻烦了，我们可以为自己精心设计一个通用的封底，每次根据作品风格修改颜色即可，如图 3-95 所示。

▲ 图 3-95

封底的部分设计套路与封面的设计套路类似，如图 **3-96** 所示。

▲ 图 3-96

这些套路并非公子事先都知道，而是通过不断的实践摸索出来的，有些是模仿，有些是原创，我根据自己的判断，感觉某个设计方案还不错就保留了下来，这样越积累越多，便从中总结出了一些规律，具体如图 **3-97** 所示。

▲ 图 3-97

封底表达的信息比封面低调，故不需要像封面那般大气。因此，其设计的套路也不同于封面。比如，全图中放一个圆形的设计，如果放在封面上，标题文字会显得比较小，而在封底中使用则一点问题都没有。

公子从自己日常的设计案例中总结出了设计封底的三种版式：中心圆形版式、边缘圆形版式、对称矩形版式，如图 3-98 所示。

▲图 3-98

永远不要忘记，模仿是永远的武器。学习设计有两个方法：①模仿 + 微创新；②查阅大量素材，激发灵感。

▲图 3-99

3.5.3 目录页

目录页需要精心设计吗？这要看我们如何看待 PPT。

如果使用 PPT 只是为了完成日常的工作，对视觉呈现的要求不高，则不需要精心设计目录页，PPT 中有一个文字型的目录就可以了。

如果你是一位追求不断进步的平面设计发烧友或专业的 PPT 模板卖家、PPT 技能培训师，你对设计的追求是永无止境的，那你应该不断尝试，通过量变引起质变，最终成为"大神"。

公子对目录页的设计思考是：目录类似图表。目录的本质是内容模块的罗列，如图 3-100 所示。可以将目录看作是包含并列关系或递进关系的图表，这样转换一下角度，是不是一下子就有了设计目录页的思路了。

▲ 图 3-100

完美的目录页的风格与整体风格应该绝对一致。具体体现在目录页与封面、封底的风格保持绝对的一致。例如，《65- 文化落地推演》这份作品的设计兼顾扁平卡通风格与微立体风格，封面、目录页、封底都有飞机这个元素，寓意企业文化需要有高度，如图 3-101 所示。

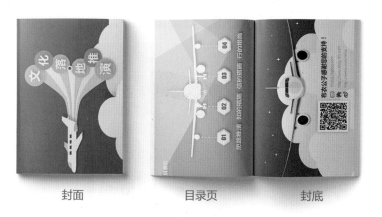

封面　　　　　　　　目录页　　　　　　　　封底

▲ 图 3-101

下面总结一下设计目录页的套路。

（1）套路一："传统的目录页也不丑，关键是版式要创新"。如果对传统的目录页设计 (文字的简单罗列) 辅以创新的版式，得到的效果也不错，如图 3-102 所示。

从这个套路中我们可以看到，一个有追求的人，虽然在做貌似重复的工作，但他绝不会应付，而是通过思考和创新，不断把工作做得更好。这样，即使是做重复的工作，也会充满了乐趣，这些乐趣来自创新带来的成就感。

▲图 3-102

（2）套路二："局部设计出新意，画面不足配上图"。可以对传统的文字型目录添加小的创意设计，并补充与主题相符的配图，得到的效果往往也不错，如图 3-103 所示。这是公子早期的设计，学习自公子的 PPT 启蒙老师 @BreadPPT，那个小凳子和框型目录的设计就是直接套用了大师的作品。

▲图 3-103

（3）套路三："一图一文绝妙配，各种组合显创意"。对图文类型的目录，公子早期

尝试过大量的方案，要点在于图片的含义要贴合内容，且要不断创新图文的版式，如图 3-104
所示。

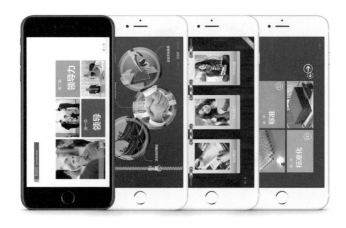

▲ 图 3-104

（4）套路四："图形色块并排放，细节雕琢见功夫"。图 3-105 中的几个目录由简单
的色块排列而成，但在细节上各有其特色，体现了设计感。这正好符合了那句流行的评价：
简约而不简单。

▲ 图 3-105

（5）套路五："图形排列很经典，位置灵活显创意"。图形的个性化排列组合是公子
使用非常频繁的目录设计方式，虽然简单但也不乏设计感，如图 3-106 所示。

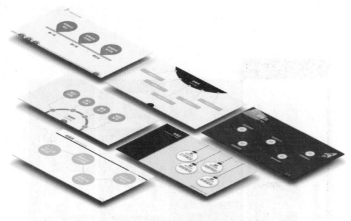

▲图 3-106

（6）套路六：几何图形整齐排列。可以根据几何图形自身的形状特点，将其整齐地排列起来设计目录，这个思路同样适用于设计图表，如图 3-107 所示。

▲图 3-107

（7）套路七：使用矢量素材给 PPT 增色。矢量素材的使用可以给 PPT 的设计带来极大的便利，并提升 PPT 的视觉美感，辅助信息的表达，如图 3-108 所示。

▲图 3-108

（8）套路八："严谨图表灵活用，信手拈来有创意"。如前文所述，PPT 目录在本质上是一个包含并列关系或递进关系的图表。因此，可以把图表引入到目录的设计中，如图 3-109 所示。

▲图 3-109

（9）套路九："矢量人物加色块，适合扁平卡通风"。与图表的设计类似，矢量人物也可以融入目录的设计当中，一般适合于扁平卡通风格的作品，如图 3-110 所示。

▲图 3-110

（10）套路十："灵感迸发如泉涌，天马行空出创意"。可以借助图片自身的特点来设计目录，如图 3-111 所示。

▲图 3-111

3.5.4 过渡页

过渡页是什么？对 PPT 不熟悉的朋友可能从来都没有听说过这个东西。过渡页也可以被称为转场页，是课件类、汇报类 PPT 必不可少的页面。

为什么不应该忽略过渡页？过渡页可以提醒观众上一部分的内容已经结束，应该休息一下，还可以对下一部分的内容做提纲挈领的总结，这个简单的提示很有作用。对于观众或阅读者（如领导）来说，过渡页有助于他们清晰地把握作者的表达逻辑，分割繁多的内容，让内容更容易被接受。

当然，PPT 的整体设计风格应该统一，过渡页的设计风格与目录页的设计风格应该高度相似，很多设计元素更是承袭自目录页，如图 3-112 所示。

▲图 3-112

过渡页的设计一般有以下套路。

（1）套路一：色彩突出。公子早期制作的大量作品的过渡页都是利用这个套路设计的，这个套路用起来简单方便，让人百用不厌，如图 3-113 所示。

色彩突出是设计过渡页最经典、最简单的方法。其特点是过渡页的版式与目录页完全相同，但在过渡页中，表示当前节的内容使用彩色进行突出，表示其他节的内容用黑色、白色或灰色进行设计。

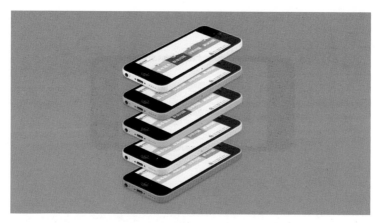

▲图 3-113

色彩突出型过渡页的设计方法是先在母版中将各部分的颜色设置为灰色，再在当前页中将当前部分的颜色设置为彩色，如图 3-114 所示。这是布衣公子自己摸索出来的简便方法。

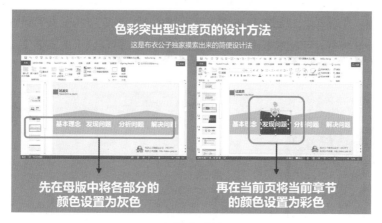

▲图 3-114

（2）套路二：图片、文字放在页面中间。这种风格的过渡页醒目、大气，适用于简约商务风、欧美杂志风等风格的 PPT，但是图文要相配，如图 3-115 所示。

公子很喜欢这种风格的过渡页，但是，作为 PPT 爱好者，需要不断寻求创新，因此，使用这种过渡页的次数并不多。

▲图 3-115

（3）套路三：背景统一，文字居中。背景可以是完整的色块、低面风格的图片、图标辅助型色块或加了蒙板的图片，这种类型的过渡页也很常见，其特点是醒目、大气，效果如图 3-116 所示。

这是公子最喜欢的过渡页风格，我的技能分享 PPT 基本都采用这种风格的过渡页。喜欢它有几个理由：①简单，找到彰显整体设计风格的图片或直接将页面背景设为彰显整体风格的颜色即可；②大气，可以将标题文字设置得非常大，再辅以小的摘要文字，非常直观、大气。

▲图 3-116

（4）套路四：半图对称。半图设计用于封面会有点不够大气，但用于过渡页则非常合适，其效果如图 3-117 所示。

　　在播放状态时，半图也是很有视觉冲击力的，其含义与章节主题相配，很好地辅助了信息的表达。

▲图 3-117

　　（5）套路五：采用经典的"标题＋子目录"形式。这种类型的过渡页是公子早期使用比较多的一种风格，通常包含标题和子目录，虽然比较规整，但也比较单调、不够大气，设计感略显不足，可以通过雕琢细节来突出设计感，但局部的、小的创新无法在视觉上令人惊艳。这类过渡页的效果如图 3-118 所示。

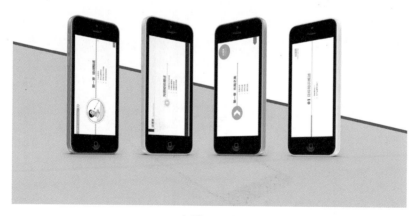

▲图 3-118

　　（6）套路六：PNG 格式的人物与色块相结合。PNG 格式的人物资源相对稀缺，因此，偶尔使用 PNG 格式的人物与色块相结合的过渡页在设计上很新颖。在色块中可以根据需要灵活添加图标，效果如图 3-119 所示。

PNG格式的人物与色块的搭配既可以用于封面与封底的设计，也可以用于过渡页的设计。因此，在日常工作中，要注意积累 PNG 格式的人物图片素材（即背景透明、不用抠图的图片）。

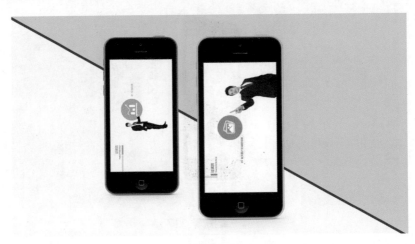

▲图 3-119

（7）套路七：矢量人物型。将矢量人物融入过渡页的设计中是公子最新的尝试，一般是将矢量人物与色块搭配，这比较适合扁平卡通风格、简约商务风格的作品，如图 3-120 所示。

根据 PPT 排版的"重复"原则，同等内容的设计一般保持同样的版式即可，这样可以起到提醒的作用，不仅仅是过渡页，正文页的标题设计也可以采用"重复"原则。

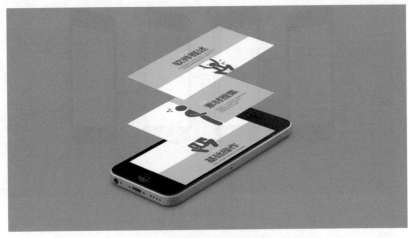

▲图 3-120

第 4 章
高效率"神技"

"工作要快，生活要慢"。"工作要快"是指工作要注重效率，"生活要慢"则是说要用心去感受生活。但唯有快的工作，才能带来慢的生活。因此，掌握高效率的操作技巧非常重要。

4.1 大神是如何从 0 到 1 完成一份 PPT 的

当我们接到制作一份 PPT 的任务时，该先做什么、再做什么、最后做什么呢？

有很多朋友咨询公子说，为什么看了那么多书，学了那么多课程，做 PPT 时依然无从下手？所谓"真传一句话，假传万卷书"，可能有一个关键的技能你还没有掌握。

这个技能就是制作 PPT 的正确流程。先做什么、后做什么对最终效果有影响吗？有！这不仅是一般的方法问题，更是效率问题。

4.1.1 从零开始制作 PPT 作品的五个步骤

制作 PPT 的正确流程应该是怎样的呢？相信公子在大家心目中也算是比较高产的 PPT 达人了，那我是如何在保证质量的前提下，高效率地完成 PPT 作品的制作呢？秘诀是坚持图 4-1 所示的流程。

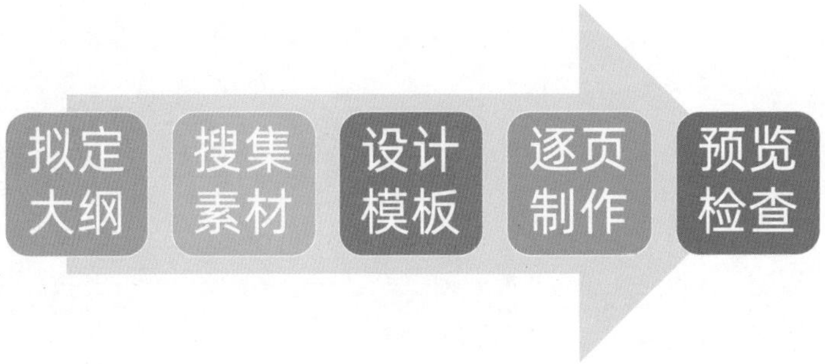

拟定大纲　搜集素材　设计模板　逐页制作　预览检查

▲图 4-1

第一步：拟定大纲

无论是写文章、写报告、写小说还是创作剧本，"先有骨架，再有血肉"是常识，制作 PPT 也不例外。所以，制作 PPT 的第一步一定是设计 PPT 的内容骨架。

公子设计内容骨架的方法是：首先，把想要表达的内容一一罗列出来；然后，按照其内在逻辑进行归类和分层；最后，提炼标题文字。

内容骨架要设计到什么程度呢？是不是设计一下目录就可以了？当然不是。公子对内容骨架的设计，一般精确到最小的目录单位，有时甚至精确到 PPT 要做多少页以及每一页的主题。

设计内容骨架的方法很多，可以先在草稿纸上信马由缰地画，也可以绘制思维导图，还可以使用 Word 或 Excel 进行罗列。可以使用 Excel 来设计内容骨架？对，公子就经常使用

Excel 来设计 PPT 的内容骨架，当需要精确到每一页的设计主题时，使用 Excel 非常方便。

有了详细的内容骨架后，再制作 PPT 时效率就高多了，不仅制作起来按部就班就好，而且搜集素材也可以变得非常有针对性，非常方便、快捷。

第二步：搜集素材

有了内容骨架是不是就可以开始动手了？先不要着急。巧妇难为无米之炊，开始动手之前需要先搜集素材，这非常重要。有的朋友或许会说，我先动手开始做，做到哪里缺素材的时候再找不行吗？

可能很多人都是这样操作的，但公子不是，公子认为这样做效率不高。先花点时间把与主题相关的素材搜集整合到一个文件夹，这样比较好。为什么呢？一是集中精力做一件事情时效率更高，二是需要资料时去对应的文件夹中查找的效率也比较高。

这里所说的素材并不单指制作 PPT 的模板、图表、版式、图片、矢量素材等，还包括制作 PPT 的文字内容，比如，开发课件的理论或案例素材，编写述职报告的工作日志或会议材料等。

不仅可以从网上搜集素材，也可以从自己的素材库中搜集素材。当我们开始制作一份 PPT 时，要给这份 PPT 建立一个独立的素材文件夹，将与之相关的文字内容、设计素材分类汇总之后，放到该文件夹中，以方便调用。

第三步：设计模板

有了前面两步的准备，我们就可以挽起袖子开始制作了。一般到这个时候，大家应该都明白了，要先设计 PPT 的模板。当然，如果套用模板会更方便些。因为模板的作用就是确定风格，方便套用。

很多人对 PPT 一知半解，因而患上了严重的"模板依赖症"，没有模板就不知道从何处下手，制作 PPT 时唯一能够想到的，就是找一份模板来套用。这是不可取的。

设计 PPT 模板难吗？设计出专业的、可售卖的模板确实有难度，但是设计出自己日常工作需要的模板，并没有想象中那么困难，把握如下几个原则就可以了。

（1）风格化。在设计尚未开始时就要确定风格。为什么大家都喜欢套用模板？因为模板设定了一个审美的标准，固化了设计风格，按照标准或风格填充内容即可。而自己设计模板，必须提前确定 PPT 的风格。确定风格以后，才能搜集同样风格的素材，快速完成模板的设计。

常用的风格有简约商务、欧美杂志、低面、微立体、扁平卡通、科技星空、中国风，以及比较流行的流体渐变、2.5D、矢量插画等。很多职场人士很难驾驭众多风格，因此，常常选择简约商务这个"万能"风格。

（2）场景化。一个普通的商务模板，增加了符合场景的元素之后，再选择合适的风格，就成为场景化的模板了。增加符合场景的元素即场景化。

作为资深的 PPT 爱好者，公子经常接到各种询问：有没有产品介绍 PPT 的模板？有没有公司周年庆 PPT 的模板？有没有求职简历 PPT 的模板？有没有投标、竞标 PPT 的模板？按照公子的理解，若稍微懂点模板设计的朋友，都可以把常见的商务模板修改一下，直接使用，而修改的关键在于把模板场景化。

场景化的目的是辅助信息的表达。场景化的元素有图片、图标、图表等，如图 4-2 所示。《31- 面试官技能训》的封面是一个面试场景的图片，《33- 员工培训实务》的封面则包含培训场景的 3D 小人素材，而《65- 文化落地推演》的封面中的飞机，寓意企业的文化不能总是"在天上飞"，要"落地"。

《33-员工培训实务》　　《31-面试官技能训》　　《65-文化落地推演》

▲ 图 4-2

（3）结构化。在开始制作 PPT 前，要先设计模板。设计模板的核心在于几个关键页面，如果是收费模板，则每一页都要结合内容进行精心的设计。

PPT 模板主要包括几个核心的关键页面：封面、目录页、过渡页、正文页、封底（如图 4-3 所示）。不同主题的 PPT 模板的组成结构也可能不同，课程类 PPT 要有课程目标、茶歇答疑等页面；而广告、宣传、发布会等 PPT 则不需要目录页、过渡页等内容。

其中，模板设计是 PPT 制作环节最为关键的基础工作，直接决定了后续能否以最高效的方式完成 PPT 的制作。在后续内容中，公子将专门针对 PPT 模板搭建环节进行细致的讲解。

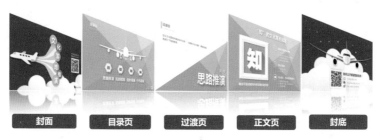

封面　　　目录页　　　过渡页　　　正文页　　　封底

▲图 4-3

第四步：逐页制作

当模板设计好以后，我们才正式开始制作每一页 PPT。很多人可能还没有进行大纲的拟定或模板的设计，就开始逐页制作了，结果要么做着做着需要将前面的设计方案推倒重来；要么做着做着思路阻塞，继续不下去了。

这让我想起一个画面，一个人伏案创作，写着写着忽然将稿纸揉成一团，伴随着一个漂亮的弧线将其抛入垃圾筐。如果没有任何前期的准备就开始制作 PPT，很容易出现类似的场景。

所以，有了前面的准备，才可以从容、淡定地设计 PPT 的每一页，并随手设计动画及页面切换效果（有些切换效果可以在母版中统一设计）。另外，字体、颜色、行距、段间距等也要一步设置到位，省得以后返工。

第五步：预览检查

经过艰苦的制作，PPT 终于做完了，是不是可以将作品发给领导或客户了？别着急，如同考试一样，早交卷并不能加分，但是出错了可是要“减分”的。如果时间允许，请先检查一遍。

当 PPT 做完以后，要静下心来，使用幻灯片放映模式逐页检查。

首先，检查一些初级的问题，如错别字、行距不一致、段间距不一致、复制的内容没有设置格式等，以及页面排版是否整齐、动画的先后顺序是否正确、元素的设计风格是否统一等。

然后，考虑一下可以优化的地方，如字号的大小、排版的方案、图片的色系、动画与切换的效果等。有条件时，甚至可以发给朋友们看看，让大家提出意见。

如此坚持下去，效率怎么会不高，怎么可能做不出好作品？

4.1.2　从零开始创建 PPT 模板的八个步骤

公子在某企业进行 PPT 技能培训时，有学员提问，怎样高效率地从零开始设计一个模板？公子结合自己的经验，提出如下八个步骤，如图 4-4 所示。

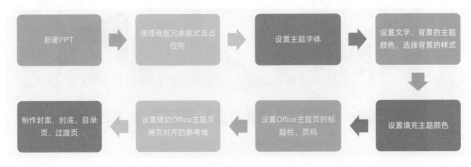

▲图 4-4

第一步：新建 PPT

设计一个新的模板时，应该对已有的 PPT 进行修改，还是新建一个 PPT 呢？

公子的建议是新建一个 PPT。为什么？因为新建的 PPT 清清爽爽，除了预设的各种占位符，没有其他冗余的信息。而如果对已有的 PPT 进行修改，则不可避免地带有各种信息或嵌入的对象（如字体）等，如果是别人制作的 PPT，可能还保留了原作者的信息。

当然，如果已有自己建立的成熟的 THMX 格式的主题文件，则可以直接打开主题文件，然后另存为 PPTX 格式的文件，再进行修改，这就省去了整理母版、设置主题字体及主题颜色等环节，非常方便。

什么是主题文件呢？先别着急，耐心往下看。

第二步：清理母版冗余版式及占位符

当我们新建一个 PPT 时，首先映入眼帘的就是软件预设的各种占位符，依次单击【视图】→【幻灯片母版】选项，或按住 Shift 键再单击【普通视图】选项，进入幻灯片母版后，会发现母版中有大量已经预设了占位符的版式。

这些版式可以指导我们通过运用母版及占位符来提高设计的效率，但实际上我们应该根据自己的设计场景来重新设计不同的版式或添加不同的占位符。因此，要先删除 PPT 中原有的版式及占位符。

删除以后，留下的是空白的 Office 主题页及其中的第一个版式页，如图 4-5 所示，之后再根据设计的进度新增版式即可。

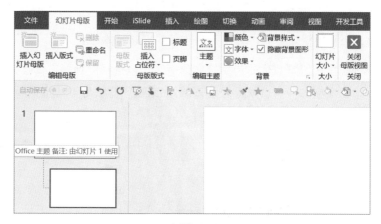

▲图 4-5

第一个版式页可以作为空白页一直保留。公子建议大家勾选【隐藏背景图形】复选框，这样，当在 Office 主题页中再添加标题栏及页码时，该页不受影响，依然保持空白。

第三步：设置主题字体

主题字体是在 PPT 中新建文本框时默认使用的字体。如果预先设置好，可以省去再选择字体的操作，这是它的第一个作用，也是它最直接的作用——自动配字。

主题字体在字体下拉列表的最上方，是 PPT 中西文与中文的"标题字体"和"正文字体"默认匹配的字体，如图 4-6 所示。如果想要 PPT 默认匹配的字体是我们想要的个性化字体，只需要将该个性化字体设置为主题字体即可。

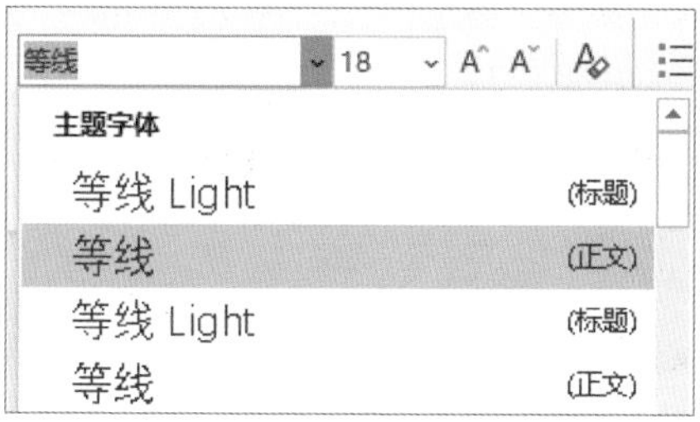

▲图 4-6

输入文本框中的默认字体是"正文字体"，"标题字体"是在母版版式中勾选"标题"复选框时所添加的标题文本框使用的默认字体，这个字体几乎用不到。

是不是这个"标题字体"就没有用了呢？也不是。这个选项增加了一个主题字体的存储位置，让用户多了一个选择。因此，可以给"标题字体"设置一个和"正文字体"同类型、略粗一点的字体，当需要粗体字时，可以手动选择"标题字体"。

比如，当选择阿里巴巴普惠体作为主题字体时，可以选择"标题字体"为"阿里巴巴普惠体 Heavy"，"正文字体"为"阿里巴巴普惠体 Light"，如图 4-7 所示。

▲图 4-7

设置主题字体的方法是依次单击【设计】→【变体】→【字体】→【自定义字体】选项。只能从操作系统已安装的字体中选择字体，设置完成后命名并保存即可，如图 4-8 所示。注意，新建 PPT 时，要先选择对应的主题字体方案。

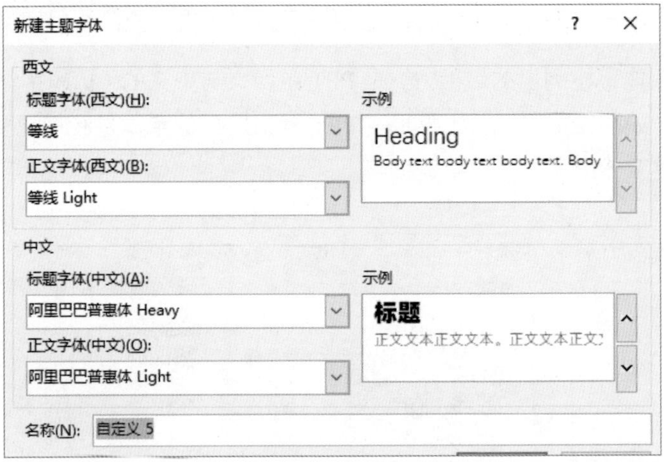

▲图 4-8

在 PPT 文档的字体中，凡是来自"主题字体"的字体，如果想要改变字体，只需要更改"主题字体"即可，这可以算是主题字体的第二个作用——一键换字。

主题字体的第三个作用是自动变字，当从其他 PPT 中复制文本框时，如果该文本框的字体选自"主题字体"，那么，复制到新的 PPT 中时，该文本框会自动匹配新 PPT 中的主题字体。

运用好这三个作用可以极大地提升 PPT 的制作效率，因此，必须理解和掌握。在设计 PPT 模板时，该步骤也绝对不能省略。

第四步：设置文字、背景的主题颜色，选择背景的样式

主题颜色的作用与主题字体的作用类似，在之前已有详细地叙述。此处再简要介绍一下公子是如何设置并运用主题颜色的。

该步骤设置的是文字／背景的主题颜色，主要目的是让在文本框中输入的文字颜色就是我们想要的颜色。文字的颜色一般并非纯黑色，而是深灰色，RGB 值的范围为（50，50，50 ~ 80，80，80）。此外，设置可供选择的浅灰色背景，而非纯白色，当然，纯白色依然要保留，以作为备选项。

通过依次单击【设计】→【变体】→【颜色】→【自定义颜色】选项，可以打开主题颜色设置界面，将"深色 1"的颜色设置为深灰色，RGB 值的范围为（50，50，50 ~ 80，80，80），将"浅色 2"的颜色设置为浅灰色，RGB 值的范围为（248，248，248 ~ 250，250，250），如图 4-9 所示。

接下来，通过依次单击【设计】→【变体】→【背景样式】选项来选择背景样式，当设置 PPT 的背景为纯白色（浅色 1）时，选择样式 1，此时文字的色彩就是深色 1；当设置 PPT 的背景为浅灰色时，选择样式 2；当设置 PPT 的背景为深灰色时，选择样式 4，如图 4-9 所示。

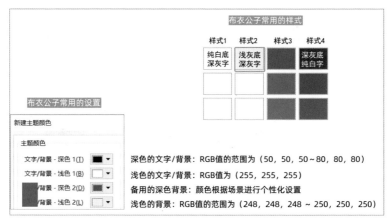

▲ 图 4-9

第五步：设置填充主题颜色

该步骤设置的是填充主题颜色，即根据 PPT 的配色方案设置填充主题颜色的 6 个色彩。需要注意的是，新建图形的颜色默认应用"着色 1"，因此，如果想将颜色设置为"着色 2"～"着色 6"时，需要在主题颜色中选择，如图 4-10 所示。

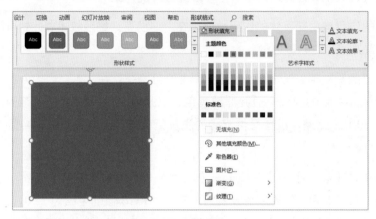

▲图 4-10

当完成了该步骤时，可以将预设的主题方案保存为 THMX 格式的文件，以方便以后在 PPT 中直接打开，或导入 PPT 中直接更换主题方案。让我们再来深入地认识一下主题文件。

THMX 格式的文件是 PPT 文档的主题文件。微软官方对主题的定义是：主题是一组预定义的颜色、字体和视觉效果，适用于幻灯片，以使其具有统一、专业的外观，它包括主题字体、主题颜色和母版版式三大部分。实际上，很多人可能没有注意到，PPT 自带多个主题，如图 4-11 所示。

▲图 4-11

当导入主题文件时，会将母版中的版式一并导入。我们往往仅需要导入主题颜色和主题字体设置就可以了，而版式是不需要导入的。所以，在制作主题文件的时候要将原有的版式全部删除。

如何制作主题文件呢？实际上，如果严格按照前面的步骤操作，得到的文件已经可以直接保存为主题文件了。为了帮助读者更清楚地掌握制作主题文件的技能，下面再复述一遍，操作界面如图 4-12 所示。

▲ 图 4-12

（1）进入母版视图。按住 Shift 键，同时单击右下角的【普通视图】选项进入幻灯片母版视图。对主题文件进行的所有设置都可以在幻灯片母版中完成。

（2）设置主题。接下来设置主题颜色和主题字体并保存，系统会默认选择刚刚保存的主题设置。

（3）删除版式。删除幻灯片母版中冗余的版式，仅保留一个空白页，并勾选【隐藏背景图形】复选框。为什么要如此操作呢？因为当导入主题文件时，会将母版中的版式一并导入，而我们往往仅需要导入主题颜色和主题字体的设置，并不需要版式，因此要将其删除。

（4）保存主题。完成上述操作后，单击【保存当前主题】选项，命名后保存即可。文件名最好包含字体与色彩的信息，如"06- 紫粉渐变 - 思源字体 .thmx"。

第六步：设置 Office 主题页的标题栏、页码

第六步开始设置标题栏、页码。标题栏和页码肯定是要放置在幻灯片母版中的，那么，是放在 Office 主题页还是放在版式页中呢？

公子习惯在有图片的地方预先设置图片占位符，以方便快速替换及裁剪图片。因此，可能很多版式页都会重复出现标题栏，所以，标题栏和页码最好放置在 Office 主题页，如图 4-13 所示。

▲图 4-13

如何快速插入页码？首先，进入母版，选择标题栏的相应位置，先插入一个文本框或图框。然后，当光标在文本框中闪烁时，依次单击【插入】→【幻灯片编号】选项，此时，幻灯片编号的位置显示的是一个 ‹#›。这时退出幻灯片母版，这个 ‹#› 的位置显示的就是页码了。

接下来，添加标题栏对应的文本占位符。

绝大多数场合是不需要文本占位符的，但在标题栏对应的文本位置添加文本占位符还是非常实用的，可以避免文本位置反复跳跃，也可以重复设置文本的格式。

添加文本占位符的方法是在幻灯片母版的操作面板上依次单击【插入占位符】→【文本】选项，然后调整格式。添加了文本占位符的效果如图 4-14 所示。

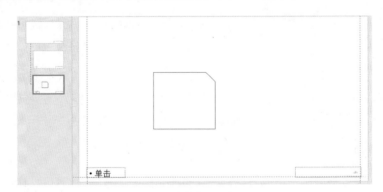

▲图 4-14

第七步：设置辅助 Office 主题页跨页对齐的参考线

设置好标题栏以后，紧接着最重要的动作是设置辅助跨页对齐的参考线。基本上每一页 PPT 的设计都需要使用参考线进行辅助对齐，因此，我们要在母版中设置参考线，且选择在 Office 主题页中进行设置。

参考线的绘制要考虑标题栏的文字占位符，这样，既保证了单页的边界对齐，又确保了内容会跨页对齐。在 Office 主题页上添加好的参考线如图 4-14 的橙色虚线所示。

第八步：制作封面、封底、目录页、过渡页

最后一步是各关键页的制作了。这些页面是在幻灯片母版中制作，还是在当前页中制作呢？

这个要看个人的习惯。公子习惯将这些页面全部放在母版中制作，这样可以避免后期制作各页的内容时，移动鼠标会不小心移动这些关键页的对象。很多人从网络下载公子早期的作品后，经常发现这几页的内容改不了，原因就在这里。当然，进入幻灯片母版之后就可以修改相应的内容了。

过渡页一般会重复出现多次，所以值得在母版中将重复出现的部分（如图形、图框、图片占位符等）设计好，如图 4-15 所示。如有必要，也可以添加文本占位符。同时，公子还有一个习惯——在母版中给过渡页添加切换效果。这样，退出母版后，每一个对应的过渡页都拥有了同样的切换效果。

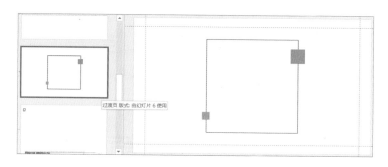

▲图 4-15

4.2 巧用幻灯片母版，提高设计效率

不知道大家在套用 PPT 模板时有没有遇到这样的问题：有的 PPT 无法修改封面；有的 PPT 看不到任何设置却包含动画效果；进入了某个 PPT 的母版视图后，依旧改不了内容……

可以通过两种方式进入幻灯片母版：①依次单击【视图】→【幻灯片母版】选项；②按住 Shift 键，单击【普通视图】选项。进入母版后，映入眼帘的是最上面的 Office 主题页和下面的各版式页，如图 4-16 所示。

▲图 4-16

Office 主题页俗称"总版"，其特点是一直出现。在总版中放置的内容在不勾选【隐藏背景图形】复选框的子版中都会出现。一般用总版设置高频出现的元素，如参考线、标题栏、背景、LOGO、页码等。

各版式页俗称"子版"，其特点是按需出现。在子版中放置的内容只对选择该版式的页面有效，一般放置低频出现的元素，如色块、文本框、图片占位符等。子版被占用时，用户无法删除它。

为什么高手都喜欢使用幻灯片母版呢，是为了炫技吗？可能存在这种情况，但使用幻灯片母版更多的目的在于提高效率。使用幻灯片母版提高效率的作用主要体现在三个方面：版式、切换效果、占位符，如图 4-17 所示。

▲图 4-17

（1）版式。需要重复利用的版式应该在母版中设计，在当前页调用即可。对于需要多次出现、在页面中位置统一的元素，如标题栏、LOGO、页码、跨页对齐的参考线等，应该放置在母版中的 Office 主题页。

为了提高设计效率，方便在设计各页面内容时灵活调用，在幻灯片母版中至少要预留三个备用的版式：空白页、全彩背景页、全图占位符页。具体如图 4-18 所示。

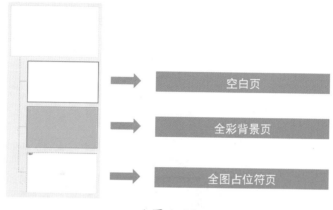

▲图 4-18

①空白页。在设计不受标题栏约束的页面时调用，或复制后修改成其他版式。

②全彩背景页。用于在页面中设计各种个性化的版式，如对称版式等。

③全图占位符页。方便设计全图页面，也方便与个性化的形状或图片进行裁剪得到新的图片占位符。

（2）切换效果。设置版式的切换效果后，当前页选择该版式后自动带有同样的切换效果。因此，对重复使用的版式设置切换效果后，选择该版式的页面就无须再一一设置切换效果了。例如在母版中设置的过渡页，公子习惯使用"立方体"切换效果，在母版中为对应的版式设置该切换效果即可。

（3）占位符。占位符可以实现高效的排版操作且可以被反复调用，使得制作者可以"一劳永逸"。此外，还可以对占位符设置动画、边框、阴影等个性化效果。使用占位符的文字或图片，将会自动拥有占位符所具有的效果，省去了逐一设置的麻烦。

幻灯片母版还有一个重要的作用——避免干扰。

幻灯片母版实际上是一个可被反复调用的图层，当关闭幻灯片母版时，这个图层处于锁定状态，因此可以把较为复杂的单页动画或视频放在母版中，以避免鼠标操作对其造成干扰，从而提高设计的效率。这样的设计还可以让 PPT 优先播放母版中的动画、音乐及视频，这一特性可以在设计复杂动画时运用。

当临摹精美的图表或版式时，也可以将截图放置在母版中，如图 4-19 所示。在退出幻灯片母版以后，右键单击 PPT 的当前页，选择【版式】选项，选择放置了待临摹截图的那一页版式，就可以在上面"照猫画虎"了，不用担心移动底层的图片，因为它根本就动不了，按部就班地临摹就可以了。

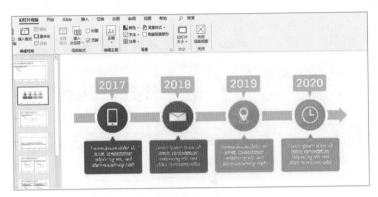

▲图 4-19

现在，大家应该都知道为什么有的 PPT 封面无法改动，为什么在 PPT 中看不到任何设置，PPT 却包含动画了吧？这是因为封面及其动画的设计都是在母版中完成的。而为什么进入了母版还改不了内容？这是因为一些元素被放在了 Office 主题页（即总版）中，要进入 Office 主题页才能进行修改。

4.3 可大幅提高效率的常用快捷键

制作 PPT 时，快捷键"上下翻飞"的操作效率远比使用鼠标要高。PPT 的快捷键很多，这一部分公子将常用的快捷键分享给大家。

（1）Ctrl 键与鼠标组合可以进行如下操作：①选中对象，按住 Ctrl 键，拖动对象即可进行复制；②按住 Ctrl 键和 Shift 键，拖动对象即可沿水平方向或垂直方向进行复制；③按住 Ctrl 键，同时用鼠标左键单击对象即可进行点选；④按住 Ctrl 键，滚动鼠标中间的滚轮即可对页面进行缩放，如图 4-20 所示。

▲图 4-20

（2）Shift 键与鼠标组合可以进行如下操作：①按住 Shift 键，单击【普通视图】选项，即可进入幻灯片母版；②选中对象，按住 Shift 键，拖动对象即可垂直移动或者水平移动；③选中对象（图形或图片），按住 Shift 键，拖动尺寸控点即可等比例缩放对象；④按住 Ctrl 键和 Shift 键，拖动尺寸控点，即可实现中心缩放或等比例缩放，如图 4-21 所示。

▲图 4-21

（3）组合快捷键。Ctrl 对应的组合快捷键如图 4-22 所示。

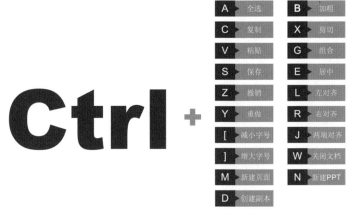

▲图 4-22

其他常用的组合快捷键如下。

Alt+F9：显示参考线。

Alt+F10：选择窗格。

Shift+F3：切换大小写。

Shift+ 方向键：扩大选区。

Ctrl+Shift+G：取消组合。

Ctrl+Shift+<：减小字号。

Ctrl+Shift+>：增大字号。

页码 +Enter：跳转到对应页。

大纲栏 +Enter：新建页面。

对于上面这些常用的组合键，这里挑选几个典型的进行着重介绍。

Ctrl+S：保存。要养成随时按 Ctrl+S 组合键的习惯，这个操作的重要性相信不用再强调了。

Ctrl+[、Ctrl+]：减小字号、增大字号。制作 PPT 时会频繁使用这两组快捷键。选中一段文字后，使用这两组快捷键可以快速调整字号，字体面板也会显示字号的大小。如果该快捷键失灵了，可以使用 Ctrl+Shift+< 组合键或 Ctrl+Shift+> 组合键。

Ctrl+G：组合。选中两个或多个对象时，按 Ctrl+G 组合键可以快速将对象组合，按 Ctrl+Shift+G 组合键可以取消组合（这组快捷键可能会和某些输入法默认的快捷键冲突，如果发生冲突，切换输入法即可）。

Ctrl+W、Alt+F4：关闭文档、关闭程序。在工作时，常常要不停地打开文档、关闭文档，这时，这两组快捷键就可以发挥作用了。按 Ctrl+W 组合键可以关闭文档但不关闭程序，而按 Alt+F4 组合键则可以关闭当前打开的应用程序。

Ctrl+D：创建副本。Ctrl+D 组合键的作用相当于先使用 Ctrl+C 组合键再使用 Ctrl+V 组合键，因而可以提升复制元素的操作效率。不仅如此，使用 Ctrl+D 组合键进行快速复制时，还可以实现同方向的等距复制。比如，先画一个矩形图框，然后，按 Ctrl+D 组合键复制一份图框并移动到右侧，最后，继续按 Ctrl+D 组合键就可以在同方向上等间距复制矩形图框。

可见，Ctrl+D 组合键虽然是软件中一个小众的快捷键，但它不仅提升了元素的复制效率，还可以实现等间距复制对象这个意料之外的功能。

Shift+F3：切换大小写。借助该快捷键，在输入英文词汇或字母时，可以不考虑大小写问题。输入文字后选中文字，然后按 Shift+F3 组合键，英文字母即可在全部小写、首字母大写和全部大写之间切换，非常方便。

Alt+F10：选择窗格。使用这个快捷键可以避免依次单击【开始】→【选择】→【选择窗格】选项，直接在 PPT 页面的右侧快速调出选择窗格界面。在选择窗格界面可以很方便地选择各个对象，可以单击小眼睛图标隐藏或显示指定的对象，也可以拖动选择窗格中的对象改变对象的层级关系，还可以双击对象，然后修改对象的名称，以方便快速定位。

页码 +Enter：跳转到对应页。在汇报、宣讲或授课时，经常需要往回跳转，查看 PPT 的某个页面，如果停止播放逐页去翻会影响宣讲的整体效果，这时该怎么办呢？可以在 PPT 的播放状态下输入页码，然后按回车键就可以跳转到对应的页面，例如先输入 2，再按回车键即可跳转至第 2 页 PPT。

大纲栏 +Enter：新建页面。当选中 PPT 大纲栏中的某页时，按回车键，会新建一页 PPT，其对应的母版版式与上一页的版式是一致的。

最后，介绍一下重磅快捷键——F4，其作用是重复上一步操作，如图 4-23 所示。比如，先画一个矩形图框，然后同时按住 Ctrl 键和 Shift 键横向拖动鼠标复制出一个相同的矩形，再按 F4 键就可以实现同方向等间距复制矩形图框的效果。再比如，设置一段文字的字号为 14 号以后，当选中另一段文字的时候，按 F4 键就可以将另一段文字的字号也设置为 14 号了。当然，不仅仅是文字的大小，设置其他的格式也都可以通过按 F4 键来操作，此时 F4 键的作用和格式刷有点类似。

▲ 图 4-23

Office 中各软件的快捷键的作用类似，大家要多动手来实际验证一下各快捷键的功能，养成使用快捷键的习惯，从而提高自己的工作效率，日积月累，节省下来的时间也不可小觑。

4.4 其他提高效率的小技巧

PPT 中有很多能十倍、甚至百倍提高效率的技巧，有些在前面已经介绍过了，如设置主题颜色、主题字体、幻灯片母版、格式刷、动画刷等。接下来，再介绍一些不可不知的、可以提高效率的小技巧。

4.4.1 巧用快速访问工具栏

PPT 的快速访问工具栏相当于手边临时放置的一个工具箱，存储着日常工作中最常用的操作工具，如图 4-24 所示。通过它调用工具非常顺手，绝不能忽视。

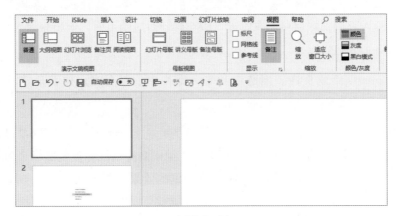

▲图 4-24

一些平时需要多次单击操作才能使用的命令，如对齐、旋转、合并形状、打开动画窗格等，在快速访问工具栏中都能一键调用。

图 4-24 所示是公子常用的快速访问工具栏，已放置在功能区的下方。实际上，软件默认是将其放在功能区的上方的，不过，根据公子的使用体验，放置在功能区的下方更为方便。将快速访问工具栏放置在功能区下方的方法是：用鼠标右键单击快速访问工具栏，勾选【在功能区下方显示快速访问工具栏】选项，如图 4-25 所示。

快速访问工具栏是一个可以自定义的工具栏，可以根据自己的工作需要，将最常用的工具栏放置其中。在功能区中先右键单击目标命令，再勾选【添加到快速访问工具栏】选项即可，如图 4-26 所示。

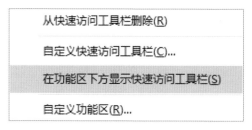

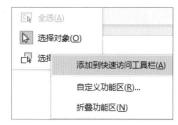

▲图 4-25　　　　　　　　　　　▲图 4-26

当然，如果某个命令不常用，也可以从快速访问工具栏中将其删除，右键单击想要删除的命令，再单击【从快速访问工具栏删除】选项即可，如图 4-25 所示。

有些命令需要经过具体的工作场景激发才能出现。比如，当 PPT 页面上没有任何内容时，功能区就没有【格式】面板，因此，找不到这个面板里面的操作命令，如【合并形状】等。如果插入任意一个形状或文本框，【格式】面板就会出现了。

右键单击快速访问工具栏，单击【自定义快速访问工具栏】选项会弹出图 4-27 所示的窗口，可以在窗口中将常用命令或不在功能区中的命令添加到快速访问工具栏。

▲图 4-27

如果重装了软件或换了一台计算机，原有的个性化设置会消失，重新添加相应的设置非常浪费时间。对此，可以提前将自定义设置导出、保存，然后在需要时导入即可。导出、导入自定义设置的操作步骤也是先单击【自定义快速访问工具栏】选项，在弹出窗口的右下角进行设置，如图 4-27 所示。

4.4.2 一次性导出 PPT 中的媒体素材

在搜集的 PPT 素材中，很多作品包含精美的图片、炫酷的片头视频、悦耳的背景音乐等，如何将这些媒体素材为己所用呢？

只需要将 PPT 文件的文件名后缀由 .pptx 改为 .rar，并解压缩，在"文件名 \ppt\media"文件夹中就可以找到原 PPT 包含的所有图片、音频、视频等媒体素材了，如图 4-28 所示。

▲图 4-28

注意：使用此方法搜集的素材资源版权情况不明确，要谨慎使用。

4.4.3 快速、巧妙地插入页码及日期

页码和日期是 PPT 中重要的提醒信息，非常有用，但是该如何添加它们呢？很简单，甚至比在 Word 中添加页码和日期更灵活、更方便。

（1）添加页码。公子早期的 PPT 作品基本都添加了页码，如图 4-29 所示。这些页码是如何添加的呢？有一个非常简单的方法：打开包含页码的幻灯片母版，直接复制页码位置的 <#> 到新的 PPT 中，并放在幻灯片母版的 Office 主题页中即可。

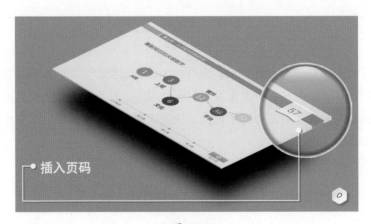

▲图 4-29

（2）直接插入 PPT 页码。先插入文本框，当光标在文本框中闪烁的时候，再插入幻灯片编号，如图4-30所示。为了避免重复操作，公子一般是在母版的**Office**主题页中添加页码（页码会显示为 <#>），退出母版后，选中应用了该版式的页面，就会看到显示为页码数字了。

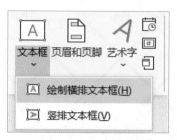

▲图 4-30

如果不想将封面计入页码范围，可以通过依次单击【设计】→【幻灯片大小】→【自定义幻灯片大小】选项，把【幻灯片编号起始值】的数值改为 0，如图4-31 所示。

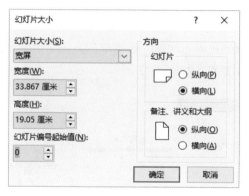

▲图 4-31

（3）添加自动更新的日期或时间。先在幻灯片中插入文本框，再在文本框中插入日期和时间，在弹出的窗口中设置语言和日历类型，勾选【自动更新】复选框。因为日期或时间一般只放在封面或封底，所以，不必在幻灯片母版中添加。

4.4.4　快速完成菱形色块的排版

图 4-32 所示是一种使用菱形色块制作的很有设计感的 PPT，如何快速制作这种布局方式的 PPT 并确保色块的边缘相互对齐且等距分布呢？

▲ 图 4-32

　　具体操作并非绘制菱形，而是借助 5×5 正方形的矩阵布局，旋转 45° 后删除上、下部分的矩形框即可。这是公子偶然产生的灵感，因为正方形的矩阵布局更容易实现边缘对齐和等距分布。

　　如何实现 5×5 正方形的矩阵布局呢？最简单的方法是借助 iSlide 的设计排版功能，设好横向与纵向的数量与间距即可，如图 4-33 所示。

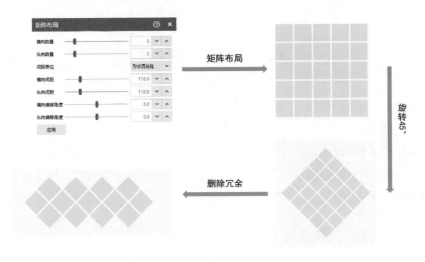

▲ 图 4-33

第 5 章
开拓视野的创意图表设计

数据图表是 PPT 中不可缺少的组成部分，最常用的是饼图、柱形图或折线图。然而，如果只用这些普通的数据图表，读者难免会产生审美疲劳，是否有一些更有创意的数据图表呢？

当然有。但是设计创意图表有一定的难度，需要大家耐心学习、动手实践。花点时间做好创意图表以后，后续就可以直接套用了，只需要修改数据即可。

下面列举几个比较有代表性的创意图表，希望可以拓宽大家的视野，给大家带来启发。

5.1 自动凸显最值的折线图

最值自动凸显的折线图的效果如图 5-1 所示，其特点是更改图表数据时，折线图会自动显示最大值和最小值。

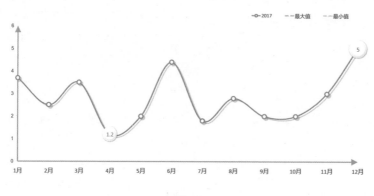

▲图 5-1

制作这类图表的技术要点是：①计算最值的公式是让最值自动显示的关键；②需要对面积色块、折线线条及数字标记的格式进行设计。

制作自动凸显最值的折线图的具体步骤如下。

（1）第一步：绘制组合图表。依次单击【插入】→【图表】→【组合】选项，将系列 1 至系列 3 的图表类型都设置为"带数据标记的折线图"，如图 5-2 所示。

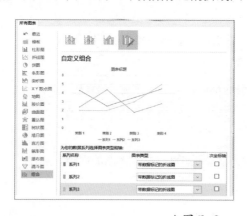

▲图 5-2

（2）第二步：编辑数据、设计公式。右键单击图表，单击【编辑数据】选项，根据需要修改系列 1 的名称，将系列 2 的名称改为"最大值"，将系列 3 的名称改为"最小值"，并分别在首行设置如下公式。

最大值函数为 "=IF(MAX(B2:B2)=MAX($B$2:$B$13),MAX($B$2:$B$13),NA())"

最小值函数为 "=IF(MIN(B2:B2)=MIN($B$2:$B$13),MIN($B$2:$B$13),NA())"

设置完成后，下拉填充公式，如图 5-3 所示。

▲图 5-3

设计公式有几个技术要点。首先，公式中的 $ 符号表示锁定了行号和列号，下拉填充不会改变行号和列号；其次，NA() 这个公式生成错误值 #N/A，错误值在图表中不显示；再次，整个公式的意思是，如果该行的系列 1 中的数值是整个系列 1 中的最大值，则显示这个数值，否则生成错误值 #N/A。

（3）第三步：设置折线图的格式。双击图表中的折线，会弹出【设置数据系列格式】窗格，单击油漆桶图标，勾选【平滑线】单选按钮，设置线条的【宽度】为 2.25 磅；再单击折线的节点，在弹出的【设置数据点格式】窗格中单击油漆桶图标，依次单击【标记】→【标记选项】选项，勾选【内置】单选按钮，设置默认的内置圆环的【大小】为 10，并设置【填充】的颜色为幻灯片背景的颜色，同时设置【边框】的宽度为 2.25 磅，如图 5-4 所示。

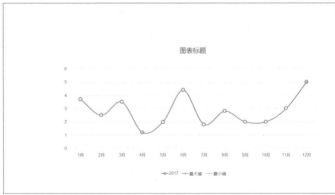

▲图 5-4

（4）第四步：添加最值的数据标签。此时，最大值和最小值应该就是一个圆点，右键单击圆点，单击【添加数据标签】选项，就可以给最值添加数据标签。同时，适当设置标签文字的字体、大小和色彩。如果选不中最值圆点，可以右键单击图表，在选框中选择，如图 5-5 所示。

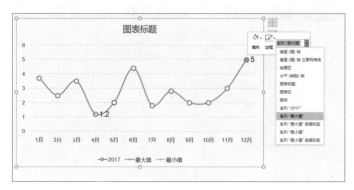

▲图 5-5

（5）第五步：绘制微立体衬底。首先，绘制无边框圆形，设置填充颜色的 RGB 值为（242，242，242）；然后，设置【阴影】的【颜色】为黑色、【透明度】为 40%，【模糊】为 4 磅，【角度】为 45°，【距离】为 1 磅；最后，设置【三维格式】为【顶部棱台】，展示方式为【角度】，【宽度】为 4.5 磅，【高度】为 1 磅，材料的【特殊效果】设置为"柔边缘"，如图 5-6 所示。

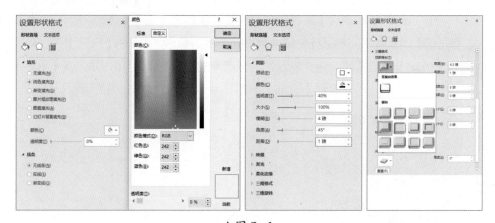

▲图 5-6

（6）第六步：添加微立体衬底。选中微立体衬底，按 Ctrl+C 组合键复制，再单击最值圆点，按 Ctrl+V 组合键粘贴，这样就可以给最值添加微立体衬底，然后，设置【标签位置】为居中。

至此，全部设计都已经完成。

利用同样的方法还可以设置多组线条的最值自动出现的折线图。图 5-7 是两组线条的最大值、最小值自动出现的折线图，设计时使用了四个折线图，重点在于设计公式和线条、标签、微立体效果等，其公式比上述单个折线图略显复杂，但原理一致。

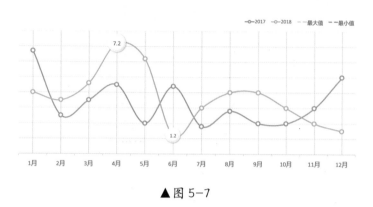

▲图 5-7

5.2 用堆积柱形图巧绘铅笔数据图表

图表效果如图 5-8 所示，其特点是铅笔柱形图可随着数据的变化自动变化，这类图表可以匹配校园等使用场景。

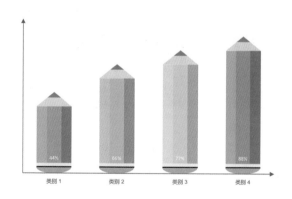

▲图 5-8

设计这个图表的技术要点是：①借助透明蒙板来实现铅笔各面的明暗对比效果；②用堆积柱形图实现铅笔的笔尖和橡皮部分不变形。

用堆积柱形图制作铅笔数据图表的具体过程如下。

（1）第一步：手绘一组铅笔，如图 5-9 所示。这个铅笔图形由三角形、矩形、半圆形

所组成。铅笔各面的明暗对比效果可通过使用透明蒙板实现，即左侧的面覆盖透明度为 80%
的白色色块，右侧的面覆盖透明度为 80% 的黑色色块。

▲图 5-9

（2）第二步：绘制堆积柱形图。依次单击【插入】→【图表】→【柱形图】→【堆积
柱形图】选项插入堆积柱形图并修改数据。数据的特点是：中间柱形图对应主数据，即实际
的数值大小；两头的柱形图分别对应橡皮和笔尖，数值大小仅作参考，可依据视觉效果进行
微调，如图 5-10 所示。

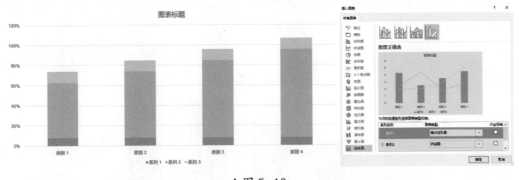

▲图 5-10

（3）第三步：复制、粘贴图形。选中右侧图形并粘贴到左侧堆积柱形图中，粘贴后的
效果如图 5-11 所示。粘贴是有技巧的，复制右侧笔尖或橡皮部分，单击左侧数据图表中的笔
尖或橡皮部分的柱形图，按 Ctrl+V 组合键进行粘贴；笔杆部分因为色彩不同，需要单击两次，
独立进行粘贴。

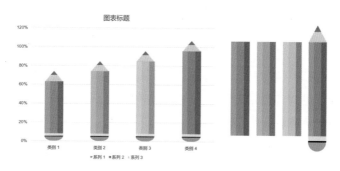

▲ 图 5-11

（4）第四步：让图表华丽"变身"。首先，根据版式布局或铅笔形状调整图表的宽与高。然后，进行如下的操作。

①将分类间距调整为 80%。

②删除多余的图表元素。

③给笔杆部分添加数据标签。

④将坐标轴的刻度线设置为箭头。

⑤优化、调整文字或线条的颜色。

至此，已经完成了全部的制作过程。以后使用时，只需要直接调整铅笔笔杆部分对应的数据。如果需要修改铅笔的颜色，则要保留原始的铅笔素材图，修改颜色后重新粘贴。

5.3 巧用柱形图与折线图绘制飞机飞行效果的图表

飞机飞行效果的图表如图 5-12 所示，其特点是飞机拉的长烟可以随数据的调整而变化。

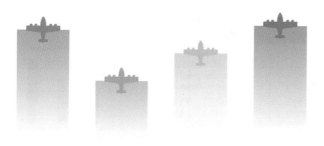

▲ 图 5-12

设计的技术要点是：①用柱形图来实现飞机后面的长烟效果；②利用折线图的标记来放置飞机。

制作飞机飞行效果的图表的具体步骤如下。

（1）第一步：获取飞机图标。飞机的矢量图标非常容易获取，在很多矢量素材网站都可以找到，还可以使用 PPT 自带的图标。本案例中的飞机图标是矢量素材，下载后在 AI 中打开，然后拖入 PPT 中并进行两次取消组合操作即可使用。

（2）第二步：绘制柱形图与折线图。依次单击【插入】→【图表】→【组合】选项插入自定义组合图表。一般组合图表默认由三个图表组合，在本案例中需要删除其中的一个，再将剩余的两个图表设为"簇状柱形图"和"折线图"，如图 5-13 所示。

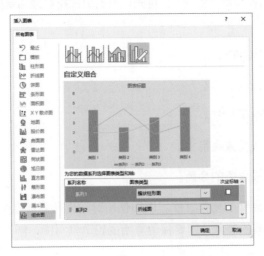

▲图 5-13

（3）第三步：修改图表数据。右键单击图表，在弹出的菜单中单击【编辑数据】选项，将"系列 1""系列 2"的名称改为"主数据""辅助数据"，并通过公式将"辅助数据"的数据设置为与"主数据"的数据相同，完成后的效果如图 5-14 所示。

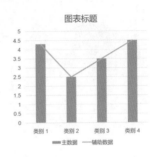

▲图 5-14

（4）第四步：复制、粘贴图形。将从矢量素材中导出的飞机图标修改好颜色，并分别粘贴到图表中折线图的"标记"处，如图 5-15 所示。如果以后要调整飞机的颜色，需要保留原始的飞机图标，修改颜色后重新粘贴。

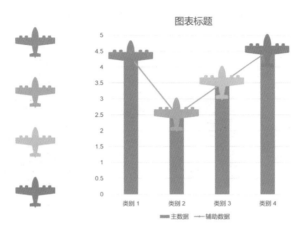

▲ 图 5-15

（5）第五步：让图表华丽"变身"。为了让图表变身，需要进行如下操作：①将【间隙宽度】调整为 50%；②删除多余的图表元素；③设置柱形部分的渐变效果，将柱形渐变的【角度】设置为 90°，将【透明度】设置为 30% 和 100%。相关参数和最终效果如图 5-16 所示。

▲ 图 5-16

5.4 半圆参差排列的图表

半圆参差排列的图表近年来非常流行，其效果如图 5-17 所示。图 5-17 中的图表虽临摹自网络图表样式，但并非通过手绘制作，而是可以随数据的变化而变化的数据图表。

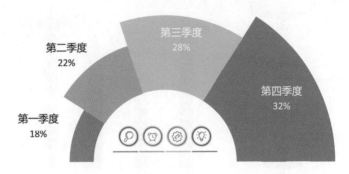

▲图 5-17

半圆参差排列的图表设计的技术要点是：①取四个同心圆环的一半；②设置透明度为100%；③根据具体的数据将圆环拆分成多个模块；④通过将不同位置的圆环及边框设置为透明来实现最终的效果。

制作半圆参差排列的图表的具体步骤如下。

（1）第一步：绘制同心圆。依次单击【插入】→【图表】→【饼图】→【圆环图】选项在 PPT 中插入圆环图表，如图 5-18 所示。

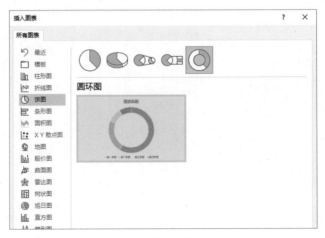

▲图 5-18

（2）第二步：编辑数据。右键单击图表，在弹出的菜单中单击【编辑数据】选项，将"销售额"的名称改为"主数据"，添加的数据为 18%、22%、28%、32%（可设计公式来自动计算第四季度的数值）；在右侧新增三个辅助列，设置数据与主数据相同；在底部添加一个辅助行，数据都设置为 100%，如图 5-19 所示。

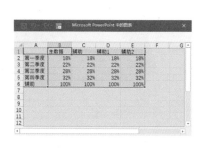

▲图 5-19

（3）第三步：设置数据系列格式。右键单击图表，在弹出菜单中单击【设置数据系列格式】选项，将【第一扇区起始角度】调整为 270°，将【圆环图圆环大小】调整为 42%，如图 5-20 所示。

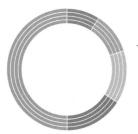

▲图 5-20

（4）第四步：设置透明。首先，将所有的边框设置为透明；其次，将下侧的辅助半圆环设置为透明；再次，将上侧从左到右的外侧圆环对应位置设置为透明；最后，将不透明部分的圆环边框设置为所填充的颜色（以防止圆环之间在视觉上有间隙），最终效果如图 5-21 所示。

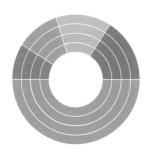

▲图 5-21

（5）第五步：添加数据标签。右键单击外侧第二层的圆环（这个选择非常重要），在弹出的菜单中单击【添加数据标签】选项为图表添加数据标签，如图 5-22 所示。

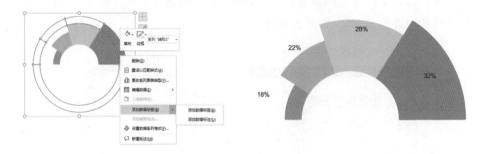

▲图 5-22

（6）第六步：美化数据标签。在【设置数据标签格式】窗格中，分别勾选【类别名称】【值】【显示引导线】复选框，在【分隔符】下拉菜单中选择【新文本行】选项，同时将底部辅助数据的标签设置为透明，将右侧两个数据标签设置为白色，将左侧两个数据标签设置为灰黑色，并适当调整数字标签的大小和字体，如图 5-23 所示。

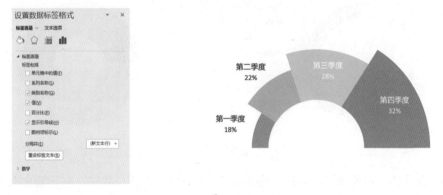

▲图 5-23

至此，半圆参差排列的图表便制作完成了。

5.5 "娃娃头" 图表

"娃娃头" 图表的效果如图 5-24 所示。公子偶然看到一张形状如同 "娃娃头" 的图表后，灵感闪现，便通过巧妙设置圆环图表将它制作出来了。公子将其命名为 "娃娃头" 图表，其特点是形状类似 "娃娃头" 发型，整体比较有特色，让人耳目一新。

▲图 5-24

设计这类图表的技术要点是：①通过设置辅助数据巧妙地突出想要重点描述的数据；②通过设置颜色突出想要重点描述的数据。

制作"娃娃头"图表的具体步骤如下。

（1）第一步：构思、设计。经过分析可以发现，"娃娃头"图表是由展示主数据的彩色圆环与两个左右对称的辅助圆环（实际上是将填充色彩设置为空白）所组成的，三组数据之和为 100%。因此，辅助数据的数值应该设置为"=(100%-B\$3)/2"。同时，为了让主数据的圆环置于顶端且左右对称，需要将第一扇区起始角度设为 180°，如图 5-25 所示。

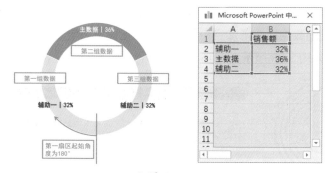

▲图 5-25

（2）第二步：先设置第一圈"头发"。通过依次单击【插入】→【图表】→【饼图】→【圆环图】选项插入图表后，删除"第四季度"这一行，将"第二季度"的名称改为"主数据"，其他行分别改为"辅助一""辅助二"，同时设置好两个辅助数据的公式，在主数据的销售额单元格输入百分比数值，且删除全部图表元素，如图 5-26 所示。

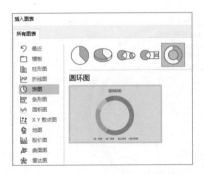

▲图 5-26

（3）第三步：绘制其他"头发"。将设置好的数据直接向右侧复制，然后修改"销售额"列以形成年度列，并根据实际情况修改"主数据"对应的数值，如图 5-27 所示。

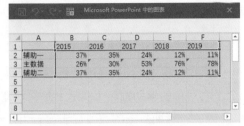

▲图 5-27

（4）第四步：添加辅助空白圆环。操作之前先看一下最终的效果。各头发之间是有空隙的，因此，要在各年度的数据之间增加空白圆环，同时在最里层增加一个灰色圆环（将主数据的值设为 100%），如图 5-28 所示。

▲图 5-28

（5）第五步：让图表完美"变身"。将图表的【圆环图圆环大小】设为 40%，除最里层的灰色圆环外，其余辅助圆环一律设置成透明，将所有圆环设置为无边框，各"头发"可以设置不同的主题颜色，以便让最终的视觉效果完美呈现，如图 5-29 所示。

▲图 5-29

5.6 经典的仪表盘图表

仪表盘图表的效果如图 5-30 所示。其特点是图表完全由数据设置完成，而且仪表盘的指针可以随着数据的变化而自动调整。

▲图 5-30

设计仪表盘图表的技术要点是：①借助两个圆环图制作仪表盘和数字标签；②借助公式生成指针，并实现指针随数据自动变化的效果。

没有耐心是完不成这类仪表盘图表的，是时候来检测一下自己的耐心和技术水平了。

制作经典的仪表盘图表的具体步骤如下。

（1）第一步：绘制组合图表。通过依次单击【插入】→【图表】→【组合】选项插入组合图表，设置"系列 1"和"系列 2"的图表类型为圆环图，设置"系列 3"的图表类型为饼图，同时勾选"系列 3"后面的【次坐标轴】复选框，如图 5-31 所示。

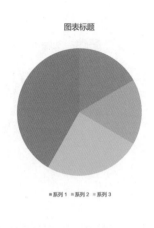

▲图 5-31

（2）第二步：设置表盘的数据。右键单击图表，在弹出的菜单中单击"编辑数据"选项，接下来进行以下操作。

① 在数据表上方新增 3 行，以备以后使用。

② 将"系列 1"的名称改为"表盘值"，并将对应的数值设置为 0、27、0、27、0、27、0、27、0、27、0、27、0、27、0、27、0、27、0、27、0、90。为什么这样设置呢？因为要将圆环的四分之三（即 270°）拿来设计仪表盘，需要将 270° 划分为 10 个 27° 部分和 11 个 0° 部分，0° 对应的部分是用来添加刻度值的。

③ 将"类别"那一列的名称改为"刻度值"，将类别中与表盘值（系列 1）0 对应的单元格分别填充 0%、10%、20%、30%、40%、50%、60%、70%、80%、90%、100%，其余部分保持空白。

④ 将"系列 2"的名称改为"颜色值"，将对应的数值设置为 90、90、90、90。这样操作是为了设计表盘。

⑤ 将"系列 3"的名称改为"指针值"，先不添加内容，在右侧增加这 4 个值的名称：指针数值、指针大小、空白区域、输入数值。

⑥ 单击圆环图表，通过移动数据选框修改圆环图表对应的数据。这样做的目的是将刻度显示在外侧，如图 5-32 所示。

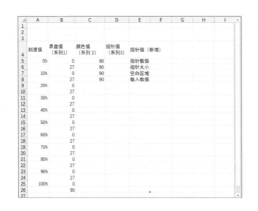

▲图 5-32

（3）第三步：设置指针的数据及公式。在上方预留的位置设置指标值的输入区域，同时，将指针大小设置为 2。指针数值是通过设置公式将输入的指标值换算得来的。公式是"=MAX(0,MIN(C2,100))*270/100"，意思是"当输入的指标数值超过 100 时，输出 100，当输入的指标数值小于 0 时，输出 0"。同时，表盘 270° 区域对应的是指标的 100%，因此，公式中"*270/100"部分的含义是将输入的指标值换算成饼图中的具体角度。此外，空白区域（即饼图中除去指标和指针部分的角度大小）可设置公式为"=360-D5-D6"。具体设置如图 5-33 所示。

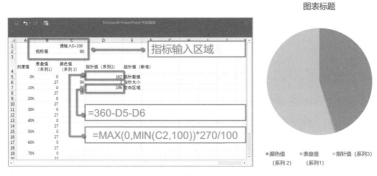

▲图 5-33

（4）第四步：设置表盘和指针格式。具体操作步骤为：①删除图表标题、图例等多余元素；②设置圆环和饼图的【第一扇区的起始角度】为 225°；③设置【圆环图内径大小】为 70%；④设置【饼图分离程度】为 60%，此时饼图各部分分离且变小，我们再将变小的部分聚拢起来，饼图就位于圆环内侧了；⑤设置饼图和圆环图各部分的填充色彩，使之符合表盘的设计样式，如图 5-34 所示。

▲图 5-34

（5）第五步：给表盘添加数据标签。右键单击最外层的圆环，在弹出的菜单中单击【添加数据标签】选项，并在【设置数据标签格式】窗格中勾选【类别名称】复选框。这样，原来设置的百分比数值就出现了，适当调整数值的字体、大小、色彩等，效果如图 5-35 所示。

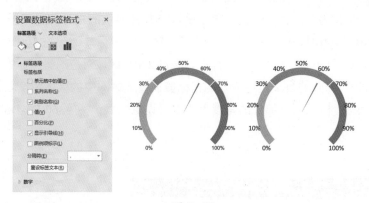

▲图 5-35

（6）第六步：添加同步变化的指标值。在仪表盘的下方，我们准备添加一个随着输入指标而自动变化的指标值，这需要借助单元格中的值来实现。首先，在指针值（系列 3）的数字下方添加一个数值，通过公式设置它的值等于输入的指标值（C2）。然后，选中仪表盘的表盘部分（带颜色的圆环），右键单击图表，在弹出的菜单中单击【添加数据标签】选项，右键单击新添加的数据标签，在弹出的菜单中单击【设置数据标签格式】选项，在弹出的窗格中勾选【单元格中的值】复选框，设置其他数字的填充颜色为【无填充】，仅保留与指标值相等的那个值，再适当设置字体、大小和颜色即可。具体设置如图 5-36 所示。

▲图 5-36

设计完成后，在后期使用时，修改非常方便，只需要修改数据，仪表盘的指针就会自动随数据的变化而变化，如图 5-37 所示。

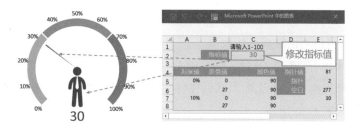

▲图 5-37

5.7　动态变化的项目进度甘特图

动态变化的项目进度甘特图的效果如图 5-38 所示，其特点是修改项目日期时，甘特图的条形色块会自动变化。

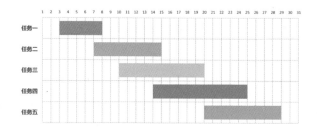

▲图 5-38

设计这类图表的技术要点是：①需要在 Excel 中将日期换算成具体的数值；②设置坐标轴的边界使之与日期的数值对应起来。

制作动态变化的项目进度甘特图的具体步骤如下。

（1）第一步：绘制堆积条形图。通过依次单击【插入】→【图表】→【条形图】→【堆积条形图】选项插入堆积条形图，如图 5-39 所示。

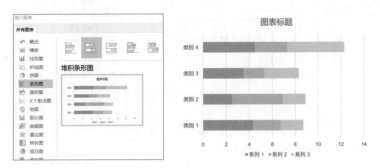

▲图 5-39

（2）第二步：将日期换算成具体数值。这里以2018年12月份为例来设计月度计划甘特图。在 Excel 中输入 2018 年 12 月 1 日和 2018 年 12 月 31 日，选中后右键单击图表，在弹出的菜单中单击【设置单元格格式】选项，然后在打开的对话框中选择【常规】选项，将日期换算成具体的数值，如图 5-40 所示。

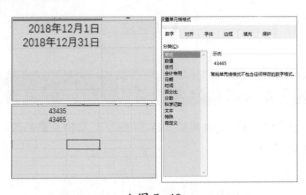

▲图 5-40

（3）第三步：设置坐标轴格式。首先，右键单击图表的横坐标轴，在弹出的菜单中单击【设置坐标轴格式】选项，选择【坐标轴选项】→【边界】选项，在【设置坐标轴格式】窗格的【最小值】和【最大值】处分别输入转换得到的数值，同时将【单位】的数值设置为 1；然后，设置坐标轴数字的【格式代码】为 d；最后，单击图表的纵坐标轴，在【坐标轴位置】中勾选【逆序类别】复选框，如图 5-41 所示。

▲图 5-41

（4）第四步：编辑图表数据。右键单击图表，在弹出的菜单中单击【编辑数据】选项，将"类别 1""类别 2""类别 3""类别 4"改为具体的任务名称，在"系列 1"列和"系列 3"列分别输入项目开始的日期和项目结束的日期，在"系列 2"列设置公式，使其值等于"系列 3"列中的值减去"系列 1"列中的值，如图 5-42 所示。

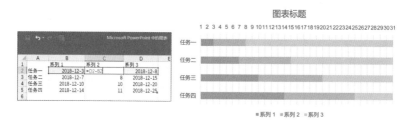

▲图 5-42

（5）第五步：设置格式。具体步骤为：①在图表中缩小图表的数据选区，仅选择"系列 1"和"系列 2"；②设置"系列 1"对应的条形图为【无填充】，"系列 2"对应的条形图根据需要设置个性化的颜色；③单击坐标轴，添加次要网格线；④设置网格线和边框，略加粗且颜色加深；⑤适当调整文字大小和格式。

第五步中的这几个操作都比较简单，就不写出具体的操作描述了。在学习 PPT 的过程中，只有通过自己动手演练，才能真正学会这些创意图表的制作。

第6章
不可小觑的"雕虫小技"

风起于青萍之末，浪成于微澜之间。PPT 中有很多隐藏的神技，用好它们可以让你制作的 PPT 出神入化，让你制作时游刃有余。

6.1 文字篇

6.1.1 在线文字云工具

图 6-1 展示的是一种典型的文字云设计效果。文字云是一种很有创意又非常形象的文字信息展示工具，对我们来说并不陌生，但很多人不太熟悉如何简单、快捷地设计文字云。

▲图 6-1

公子经过多次试验，认为使用 WORDART 生成的文字云比较美观，而且使用起来非常方便，在线即可设计文字云且不需要注册，如图 6-2 所示。当然，如果需要经常设计文字云，建议还是注册并登录，因为登录以后，在后期可以修改原来设计的文字云，非常方便。

▲图 6-2

磨刀不误砍柴工。在制作文字云之前，需要先准备好以下三项材料。

（1）文字。新建一个 TXT 文档，输入准备生成文字云的文字内容并保存。

（2）形状。虽然可以使用网站自带的形状，但自带的形状无法修改颜色且不一定是自己想要的效果，因此，应该提前确定形状并设计好颜色，如果是图标或矢量图形，可以直接在 PPT 中设置好颜色后另存为 PNG 格式的图片以备使用。

（3）字体。中文字体是需要上传到网站中的，用户可在计算机中直接复制字体文件，字体文件在 Windows 系统中的保存路径是 C:\Windows\Fonts，也可以在网上搜索、下载字体。

做好准备工作以后，先来熟悉一下操作界面。WORDART 的操作界面如图 6-3 所示，左侧是原始界面，右侧是翻译后的界面。这里依次展示一下相应的功能。

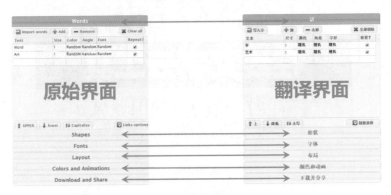

▲图 6-3

（1）第一步：输入文字。首先，单击左上角的【Import words】按钮后输入文字，或将准备好的文字复制过来；然后，单击右下角的【Import words】按钮，操作界面如图 6-4 所示。

▲图 6-4

（2）第二步：设置形状。首先，单击左上角的【ADD IMAGE】按钮添加形状；然后，选中该形状（也可以先利用系统自带的形状练习一下），操作界面如图 6-5 所示。

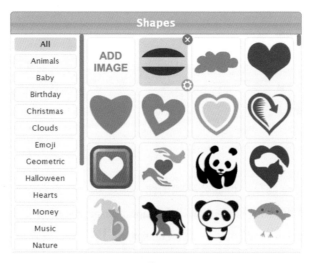

▲图 6-5

（3）第三步，添加字体。单击左上角的【Add font】按钮添加中文字体并选中，如图 6-6 所示。

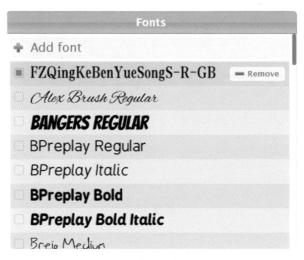

▲图 6-6

（4）第四步：设置摆放方式。单击【Layout】按钮调出设置文字摆放方式的界面，文字方向可以根据个人喜好进行设置，文字数量保持默认就可以，文字大小根据需要选择最大或均衡。设置完成后可以单击预览按钮预览效果，如图 6-7 所示。

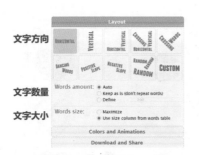 

▲图 6-7

（5）第五步：设置颜色。根据公子的习惯，主要从三个方面设置：①勾选【Use shape colors】复选框，即使用形状的颜色；②将【Shape transparency】的数值设置为 0，即设置形状为透明。③勾选【Background color】中的【Transparent】复选框，设置形状之外的背景为透明，如图 6-8 所示。

▲图 6-8

（6）第六步，预览并保存。①单击【Visualize】按钮预览文字云的效果，不满意可以进行微调；②单击【Download PNG Image】中的【SQ】按钮下载 PNG 格式的文字云，付费会员可以下载高清的图片甚至矢量图。③如果已登录网站，建议单击【Save changes】按钮保存该文字云以备下次修改、使用。具体操作界面如图 6-9 所示。

▲图 6-9

6.1.2 轮廓文字效果

图 6-10 是公子在制作校园招聘 PPT 时发现的一幅图，这种轮廓文字的效果是非常棒的，下面我们就在 PPT 中实现这个效果。

▲图 6-10

首先，设置双层文字的大小均是 100 磅，上层文字为彩色，无轮廓；下层文字也为彩色，但轮廓的颜色为深灰色或黑色，大小为 25 磅。然后设置两层文字完全重叠，如图 6-11 所示。

▲图 6-11

还可以实现包含线条轮廓的文字效果。具体的方法是通过三层文字的不同设置来实现，以三层文字均是深灰色的 100 磅的文字为例，设置第一层文字为无轮廓；设置第二层文字的轮廓为 25 磅、白色；设置第三层文字的轮廓为 30 磅、彩色，如图 6-12 所示。

▲图 6-12

设置文字轮廓的步骤为：①选中文字后依次单击【格式】→【文本轮廓】选项；②单击【粗细】选项设置粗细；③勾选【实线】单选按钮，设置【宽度】为 25 磅。具体设置如图 6-13 所示。

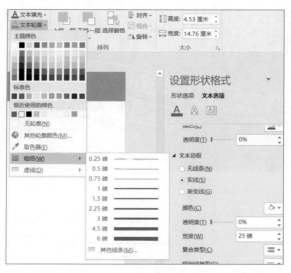

▲图 6-13

三层文字设置起来的确有点麻烦，是否可以将设置好的文字快速迁移使用呢，当然可以。

◎可以通过按 Ctrl + G 组合键将文字组合起来。

◎可以通过按 Ctrl+[组合键、Ctrl+] 组合键调整文字的大小。

◎可以通过按 Ctrl + H 组合键替换文字。

6.1.3 镂空文字效果

　　镂空文字效果匹配图片制作出来的全图型封面的效果非常棒，如图 6-14 所示。如何实现镂空文字效果呢？公子在这里分享两个实现镂空文字效果的方法，操作中会用到【合并形状】功能，因此要求使用 Office 2013 及更新版本的软件。

▲图 6-14

　　（1）方法一：矢量文字法。其要点包含：①使用【合并形状】功能制作矢量文字；②设置矢量文字的填充方式为【幻灯片背景填充】，当然，要将幻灯片背景设置为选定的图片。

　　首先，复习一下制作矢量文字的方法。将一个图框覆盖到文字上面，按住 Ctrl 键分别单击文字和图片进行选中，依次单击【合并形状】→【相交】选项得到矢量文字，如图 6-15 所示。

▲图 6-15

　　然后，进行细化设置，如图 6-16 所示。

　　①将幻灯片的背景设置为选定的图片。具体的方法是：右键单击幻灯片，在弹出的菜单中单击【设置背景格式】选项，然后在弹出的窗格中勾选【图片或纹理填充】单选按钮，选择对应的图片。

　　②设置矢量文字的填充方式为幻灯片背景填充。具体的方法是：右键单击矢量文字，在弹出的菜单中单击【设置形状格式】选项，在弹出的窗格中勾选【幻灯片背景填充】单选按钮。

③根据实际排版的需要添加图框蒙板。具体的方法是：依次单击【插入】→【形状】→【矩形】选项，在 PPT 中想要放置矩形的位置拖动鼠标光标，绘制出矩形。右键单击绘制出来的矩形，在弹出的菜单中单击【设置形状格式】选项，在【设置形状格式】窗格中勾选【纯色填充】单选按钮，设置颜色为白色，透明度为 20%。

▲图 6-16

（2）方法二：直接穿透法。其要点是将图片和文字重叠放置，按住 Ctrl 键先单击图片，再单击文字，然后松开 Ctrl 键，依次单击【格式】→【合并形状】→【组合】选项，设置文字穿透图框形成镂空效果。

此法更简单，图片可以不设置为幻灯片的背景，直接放在幻灯片的底层也行，甚至将视频放在底层也可以，但设计镂空文字前要先确定好蒙板的大小和位置，确保一次设置成功。

与制作矢量文字的方法类似，二者都要用到【合并形状】功能。将图框与文字重叠，通过依次单击【合并形状】→【组合】选项可以得到镂空文字。然后，再根据视觉效果的需要，设置镂空文字的透明度即可，如图 6-17 所示。

▲图 6-17

6.1.4 文字特效

创新没有想象的那么难，只需在基础操作的基础上"稍微往前走半步"，就可以让简单的文字告别单调的效果。

文字特效非常多，公子在这里列举了常见的几种。

（1）第一种：色彩突变。具体制作步骤为：右键单击文本框，在弹出的菜单中单击【设置形状格式】选项，在弹出的窗格中依次单击【文本选项】→【文本填充】选项，勾选【渐变填充】单选按钮，删除多余的渐变光圈，只保留两个，并设置为指定的颜色，再将【位置】的数值设置为 50%，依据所在的环境设置【角度】的数值，如图 6-18 所示。

▲图 6-18

（2）第二种：图片填充。具体制作步骤为：右键单击文本框，在弹出的菜单中单击【设置形状格式】选项，在弹出窗格中依次单击【文本选项】→【文本填充】选项，勾选【图片或纹理填充】单选按钮，选择对应的图片即可，如图 6-19 所示。

▲图 6-19

（3）第三种：环形文字。具体制作步骤为：单击文本框，依次单击【形状格式】→【艺术字样式】→【文本效果】→【转换】→【跟随路径】选项，使用的时候，注意拉动文字框上面的小黄点微调文字的位置和大小，如图 6-20 所示。

▲图 6-20

（4）第四种：三维透视。具体制作步骤为：右键单击文本框，在弹出的菜单中单击【设置形状格式】选项，在弹出的窗格中依次单击【文本选项】→【文字效果】→【三维旋转】选项，根据图 6-21 设置旋转或透视的参数。如何确定旋转或透视的数值呢？公子尚未发现快捷的方法，只有根据具体的场景进行目测和微调。

▲图 6-21

图 6-22 所示的 PPT 是另外一个典型的案例，在这张 PPT 中，设置【三维旋转】中的【Y 旋转】为 305°、【透视】为 120°。

▲图 6-22

（5）第五种：暗夜荧光。具体制作步骤为：右键单击文本框，在弹出的菜单中单击【设置形状格式】选项，在弹出的窗格中依次单击【文本选项】→【文字效果】→【阴影】选项，设置【颜色】为白色，【透明度】为 45%，【大小】为 100%，【模糊】为 21 磅。可以看出，这是通过阴影的设计来实现文字在暗夜中发出荧光的效果，比起直接设置文字发光，得到的效果更为细腻，如图 6-23 所示。

▲图 6-23

（6）第六种：透镜放大。具体制作步骤为：单击文本框，依次单击【形状格式】→【文本效果】→【转换】→【弯曲】→【腰鼓】选项。此种文字效果和放大镜配合起来"天衣无缝"，简直是"绝配"，如图 6-24 所示。

▲图 6-24

（7）第七种：映像倒影。具体制作步骤为：右键单击文本框，在弹出的菜单中单击【设置形状格式】选项，在弹出的窗格中依次单击【文本选项】→【文字效果】→【映像】选项，微调参数。该特效是公子早期特别喜欢使用的效果，具体如图 6-25 所示。

▲图 6-25

6.2　图形篇

6.2.1　巧绘开口图框

为什么需要开口图框？因为开口图框给人一种很文艺的感觉，给 PPT 增加一定的设计感。

下面，公子介绍几种常见的开口图框及其在 PPT 中的制作方法。

1. 在矩形框单侧开口

图 6-26 展示的是在矩形框单侧开口的效果，其具体的制作步骤如下。

▲图 6-26

（1）第一步：绘制凹形图。首先，根据开口的位置和大小，设置两个图框的对齐方式；然后，通过【剪除】功能进行凹形图绘制，如图 6-27 所示。

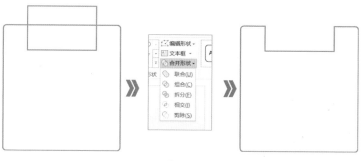

▲图 6-27

（2）第二步：删除多余部分。首先，右键单击图框，在弹出的菜单中单击【编辑顶点】选项，右键单击凹口里侧的中间线段，在弹出的菜单中单击【删除线段】选项；然后，使用同样的方法删除凹口里面的两个顶点，得到单侧开口图框，如图 6-28 所示。

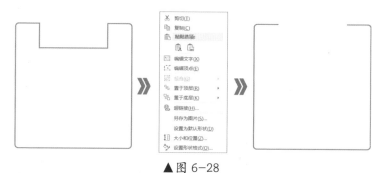

▲图 6-28

2. 在矩形框双侧开口

图 6-29 展示的是在矩形框双侧开口的效果。这种图框如何制作呢？将制作单侧开口图框的方法在左、右各重复一次吗？

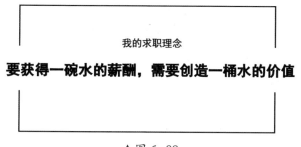

我的求职理念

要获得一碗水的薪酬，需要创造一桶水的价值

▲图 6-29

实际上，可以认为双侧开口的图框是将上、下两个矩形框各去除一个边拼合而成的。因此，只需要绘制两个矩形，各去除其中的一条边即可。去除的方法是：右键单击矩形框，在

弹出的菜单中单击【编辑顶点】选项，右键单击矩形框左下角的顶点，在弹出的菜单中单击
【开放路径】选项，右键单击底边边框左侧的顶点，在弹出的菜单中单击【删除顶点】选项，
如图 6-30 所示。

▲图 6-30

3. 在菱形上开口

图 6-31 展示的是在菱形上开口的效果，这种图框的排版效果非常有创意。

▲图 6-31

　　制作在菱形上开口的图框需要三个步骤：①绘制菱形和矩形，并根据需要摆放好；②依次单
击【合并形状】→【拆分】选项，删除冗余部分；③右键单击上半部分的图形，在弹出的菜单中
单击【编辑顶点】选项，右键单击需要删除的线，在弹出的菜单中勾选【开放路径】选项，再次
右键单击需要删除的线，在弹出的菜单中单击【删除顶点】选项，完成制作，效果如图 6-32 所示。

▲图 6-32

6.2.2 运用透明蒙板

在一些独具特色的图表（如微立体、拟物、折纸风格的图表）中，常常会使用不同明暗程度的同一种颜色进行对比，这是怎样设置的呢？常规的方法可能是在 HSL 模式下调整色彩的亮度，或者直接在主题颜色中选择不同的深浅色彩，其实，利用透明蒙板实现色彩的明暗对比是一种更为巧妙的方法。

图 6-33 所示是一种典型的微立体风格的图表。抛开其他部分的内容不说，我们先来看看①、②、③、④这四部分的设计，了解一下如何通过透明蒙板来实现色彩的明暗变化。

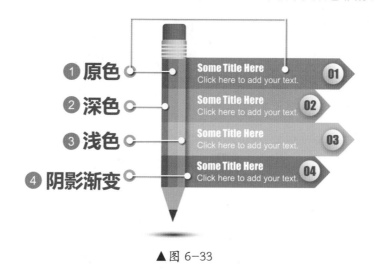

▲图 6-33

将深色、浅色、阴影渐变部分都删除以后可以发现其中的秘密。原来，色彩的深浅变化是通过覆盖一层透明蒙板来实现的，如图 6-34 所示。

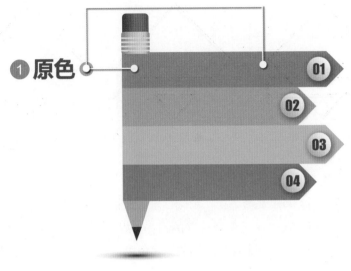

▲图 6-34

深色部分原来是覆盖了一个透明度设为 80% 的黑色色块。当然，80% 只是一个参考数值，在自己动手制作 PPT 时，可以根据视觉效果灵活调整，如图 6-35 所示。

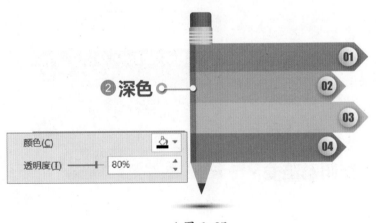

▲图 6-35

浅色部分原来是覆盖了一个透明度设为 80% 的白色色块。当然，80% 也只是一个参考数值，可以根据视觉效果灵活调整，如图 6-36 所示。

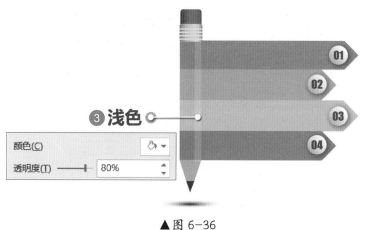

▲ 图 6-36

阴影渐变原来是覆盖了一个带有透明度渐变设置的黑色色块，渐变角度为 0，两个光圈均为纯黑色，其中光圈 1 在最左侧，【透明度】为 70%，光圈 2 在最右侧，【透明度】为 100%，如图 6-37 所示。

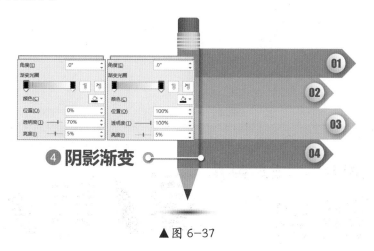

▲ 图 6-37

经此设计后，如果颜色设置的是主题颜色，一键变色后同样可以实现明暗对比的效果，如图 6-38 所示。

▲图 6-38

6.2.3 矢量笔刷效果

看过众多了 PPT 以后，观众的眼睛会越来越挑剔，中规中矩的排版或设计效果已经很难再吸引他们的眼球，这时该怎么办？制作者需要不断创新来提升设计感。运用矢量笔刷素材就是一个非常不错的选择，我们可以将图片裁剪成矢量笔刷的效果。

（1）第一步：搜索、下载素材。获取矢量笔刷素材很容易，在千图网、素材中国网、Freepik 等网站都可以找到大量的矢量笔刷素材。搜索的关键词可以是"brush"或"笔刷"，如图 6-39 所示。

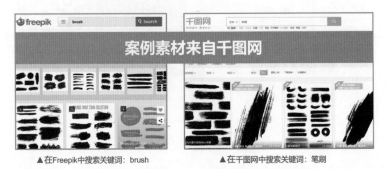

▲在Freepik中搜索关键词：brush　　　　▲在千图网中搜索关键词：笔刷

▲图 6-39

（2）第二步，将矢量素材导入 PPT 中。将下载好的笔刷素材拖入 AI 软件中，选中准备使用的某个笔刷并放大以后，右键单击素材，在弹出的菜单中首先单击【取消编组】选项，再单击【释放复合路径】选项，将素材拖入 PPT 中进行两次取消组合操作后备用，如图 6-40 所示。

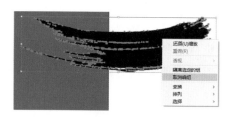

取消编组　　　　　　**释放复合路径**

▲图 6-40

（3）第三步：设计图片占位符。进入幻灯片母版，绘制图片占位符并将其置于笔刷素材下方。首先，单击占位符，然后，单击笔刷，依次单击【格式】→【合并形状】→【相交】选项完成图片占位符的设计，如图 6-41 所示。

▲图 6-41

（4）第四步，填充图片。退出幻灯片母版后，在当前页选择已设计好图片占位符的版面，复制准备填充的图片，单击图片占位符，粘贴，就可以将图片填充到图片占位符中，效果如图 6-42 所示。

布衣公子PPT微课之雕虫小技篇

▲图 6-42

使用矢量笔刷时，有几个知识点需要特别留意一下。

①有些矢量图形导出到 PPT 中不能进行【合并形状】操作，这时该怎么办？可以试着在 AI 中选中目标图形并右键单击，然后在弹出的菜单中单击【释放复合路径】选项，将目标图形导入 PPT。

②矢量图形可以和图片占位符进行【合并形状】操作，这样，就可以设计各种个性化的图片占位符了。

③使用图片占位符填充图片，只需要选中目标图片后按 Ctrl+C 组合键复制，选中占位符后再按 Ctrl+V 组合键粘贴，即完成了图片的填充或更换。

6.3 图片篇

6.3.1 图片互裁

什么是图片互裁呢？就是两个图片可以互相裁剪，确切地说，是将样图置于底图之上，先单击底图，再单击样图，这样就可以将底图裁剪为样图的样式了，如图 6-43 所示。

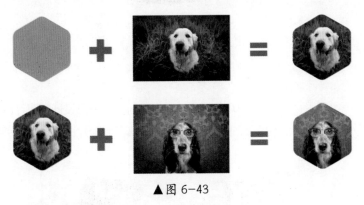

▲图 6-43

这时公子偶然发现的"黑科技"，因为需要先将【合并形状】功能添加到快速访问工具栏才可以进行这个操作。该技巧在前文已有详述。

6.3.2 红杏出墙特效

"红杏出墙"是对一种图片特效的描述，其效果如图 6-44 所示。

▲图 6-44

公子是在《巴比伦富翁的理财课》中第一次使用"红杏出墙"效果,当时的效果如图6-45所示。

▲图 6-45

在《68-揭秘 PPT 真相》中,公子继续使用了这个效果,使得美女卡通人物仿佛要从画中走出来,如图 6-46 所示。

▲图 6-46

在《70-PPT 菜鸟进阶》中，公子再次使用了这个效果，使人仿佛通过时空隧道穿越回曾经喜欢写日记的少年时代，具体的效果如图 6-47 所示。

▲图 6-47

制作这个特效的灵感来自曾经收集的图片，如今这种效果已经是很常见的设计了，如图 6-48 所示。公子在这里揭秘一下如何制作这类效果。

▲图 6-48

如何实现这种效果呢？可以通过两种方式。

（1）方法一：部分抠图裁剪法。将原人物图裁剪为圆形，并对原图上面的大头部分进行 PS 抠图，再保持大小与位置绝对一致的情况下进行覆盖，如图 6-49 所示。

▲图 6-49

（2）方法二：全部抠图覆盖法。根据需要选择原人物图的一部分后进行全部抠图，底层放置一个圆形，上层覆盖一个图框，中间放置对人物进行抠图得到的 PNG 格式的图片，将三个图层按顺序放置，如图 6-50 所示。

▲图 6-50

6.3.3 放大镜特效

当我们需要强调图片的局部细节时，借助放大镜效果进行平面设计是非常常用的技巧。其原理非常简单，就是把需要展示的细节放大，然后添加放大镜素材。

放大镜可以是通过网络搜索得到的 PNG 格式的图片或矢量素材，也可以使用 PPT 进行制作。为了使效果更为逼真，需要增加必要的光影及阴影效果，如图 6-51 所示。下图中从左到右放置的零件需要按从上到下的顺序依次摆放，当然，放大的细节图片裁好后需要放到底层。

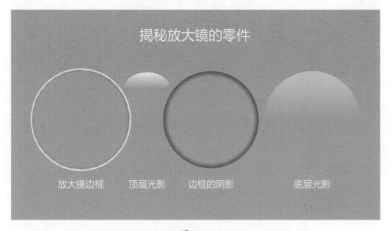

▲图 6-51

制作放大镜特效的具体步骤如下。

（1）第一步：切割零件。绘制一对同心圆，设置直径相差约 5mm。选中后，通过【格式】→【合并形状】→【拆分】操作，切割放大镜的边框及镜片。选中镜片后，按两次 Ctrl+D 组合键来复制两个镜片以备使用，如图 6-52 所示。

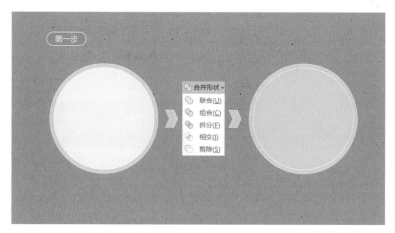

▲图 6-52

（2）第二步：设置边框。选择刚刚切割好的边框，设置渐变填充的【类型】为"从中心"。设置光圈一的【位置】为 65%，【颜色】为深灰（RGB 值为 38，38，38）；设置光圈二的【位置】为 70%，【颜色】为浅灰（RGB 值为 242，242，242）。具体参数如图 6-53 所示。

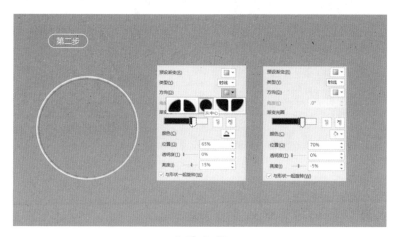

▲图 6-53

（3）第三步：设计顶层光影。绘制一个椭圆，设置填充的【类型】为"线性"，【角度】为 90°。设置光圈一的【位置】为 5%，【颜色】为纯白，【透明度】为 20%。设置光圈二的【位置】为 50%，【颜色】为纯白，【透明度】为 100%，如图 6-54 所示。

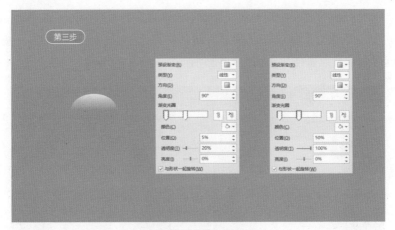

▲图 6-54

（4）第四步：设计底层光影。选择刚刚复制的备用镜片，设置填充的【类型】为"线性"，【角度】为 90°。设置光圈一的【位置】为 0%，【颜色】为纯白，【透明度】为 50%；设置光圈二的【位置】为 49%，【颜色】为纯白，【透明度】为 100%，如图 6-55 所示。

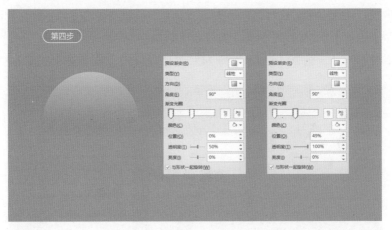

▲图 6-55

（5）第五步：设计边框的阴影。选择刚刚复制的备用镜片，设置渐变填充的【类型】为"从中心"，设置光圈一的【位置】为 63%，【颜色】为纯黑，【透明度】为 100%；设置光圈二的【位置】为 75%，【颜色】为纯黑，【透明度】为 50%，如图 6-56 所示。

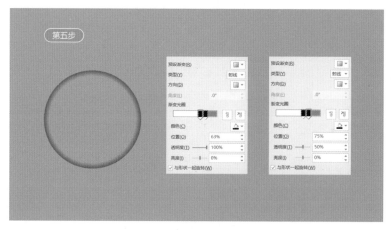

▲图 6-56

这五步完成以后,把零件按照前面所述的层级顺序摆放好,就完成了放大镜的制作。

(6)第六步:裁剪放大部分。首先,选择刚刚复制的备用镜片和准备裁剪的图片,对准需要放大的部分,先单击图片再单击镜片,然后依次单击【格式】→【合并形状】→【相交】选项,获取放大部分的内容,如图 6-57 所示。

▲图 6-57

然后,将裁剪好的放大部分的内容置于放大镜之下,并整体移动到适当的位置,就可以得到最终的效果。

第 7 章
PPT 的拓展应用

PPT 在我们的工作和生活中扮演的角色越来越重要。它不仅可以制作演示文稿，还具有一些非常实用的功能，以下列举几例，欢迎大家探索 PPT 其他的功能和技巧。

7.1　录制屏幕

很多公司发展迅速，各地的分公司、销售办事处很多，如果员工入职培训或岗位技能培训都要在总部实施，花费将非常大。将培训内容制作成课件并进一步录制为视频，借助视频对员工进行培训，不仅节省金钱和时间，而且更加方便。

随着移动互联网的迅猛发展，特别是 5G 时代的来临，网速变得越来越快，带宽变得越来越大。以视频模式传播知识或技能成为可能。因此，录制、加工视频变得越来越重要。

录制屏幕有各种专业的工具，如 Camtasia Studio，微软敏锐地觉察到了录制屏幕的需求，在 2016 版 PowerPoint 软件中整合了该功能。在 PPT 中使用录制屏幕功能非常简单、方便。调用该功能的方法是依次单击【插入】→【屏幕录制】选项，也可以将其添加到快速访问工具栏以便于操作。录制屏幕的各操作命令如图 7-1 所示。

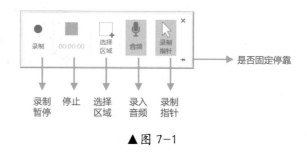

▲图 7-1

不需要专业的设备，使用普通的耳麦就可以进行录制。视频录制完成后，会自动置于 PPT 中，右键单击视频，在弹出的菜单中单击【将媒体另存为】选项，选择路径保存即可，默认的保存格式为 MP4。

7.2　制作电子相册式宣传视频

制作电子相册式的宣传视频非常简单，但如果不会使用专业的视频软件也常常会让人无从下手。实际上，使用 PowerPoint 完全可以制作电子相册式的宣传视频。公子在多年的人事管理及企业文化建设工作中，多次使用 PowerPoint 来制作活动宣传或年会暖场视频。今天，公子就简单介绍一下，如何利用 PowerPoint 制作电子相册式宣传视频。

用 PowerPoint 制作电子相册式宣传视频，实际上就是给宣传图集添加文字说明、背景音乐，然后导出成视频。当然，还需要补充必要的动画及切换效果。

这里我们采用"大图 + 文字 + 适当的切换效果"这种简单的设计，虽然简单，但足够应付大多数的使用场景。我们使用的工具是 PowerPoint 自带的相册工具，这个工具很冷门，相信用过的人不多。

使用 PowerPoint 制作电子相册式宣传视频的具体步骤如下。

第一步：插入图片。依次单击【插入】→【相册】→【新建相册】选项，调出相册工具，然后选择图片来源，插入图片，即可生成一个新相册 PowerPoint。同时，还可以根据需要调整图片的顺序，选择每页图片的数量，设置主题等，如图 7-2 所示。公子建议一张图讲述一个故事，每页展示一张图片。

▲图 7-2

（2）第二步：添加文本内容。先给每一页添加一个透明度为 50% 的黑色蒙板，再添加带阴影的白色文字，如图 7-3 所示。

▲图 7-3

（3）第三步：设置切换效果及自动换片时间。在【切换】→【切换效果】→【换片方式】→【设置自动换片时间】中，设置换片时间在 3 ~ 5 秒这个范围内，如图 7-4 所示。

▲图 7-4

增加了音乐的 PPT，如果希望实现音乐和 PPT 播放同步结束的效果，则需要反复调整各页面切换时间，或者设置"PPT 播放结束时，音乐淡出"的效果。此外，切换效果不宜多，简单的切换效果可以重复使用，一般 3 ~ 5 张图片使用一种切换效果就可以了。

（4）第四步：添加背景音乐。如果要添加背景音乐，直接复制音频文件粘贴到 PPT 对应的页面就可以了。添加完成以后，双击小喇叭图标，单击【播放】按钮设置参数，根据需要裁剪音频，微调淡入淡出的效果，并设置为自动播放、跨幻灯片播放和放映时隐藏，如图 7-5 所示。

▲图 7-5

（5）第五步：导出视频。导出视频非常简单，直接使用 PPT 的导出视频功能即可。具体操作为依次单击【文件】→【导出】→【创建视频】选项，根据需要选择视频清晰度。

7.3 放映与打印 PPT

图 7-6 所示是放映幻灯片的默认模式——演示者视图，使用这种模式的好处显而易见，不仅可以提醒演说者下一页的内容，而且会把备注的文字也显示出来。但比较旧的投影仪往往不支持这种模式，此外，在进行需要操作电脑的培训时，需要反复进入、退出放映模式，而这种模式切换起来比较慢，此时，可以在【幻灯片放映】→【监视器】中取消使用这种模式。

▲图 7-6

在【幻灯片放映】→【设置幻灯片放映】中，还有三个功能值得注意。

（1）循环放映，按 ESC 键终止。如果制作了一个包含音乐、动画的 PPT 作为活动的开场内容，此时 PPT 需要反复播放，此功能可以被用上。

（2）放映时不加动画。如果 PPT 带有动画，而汇报的场合又不需要动画，可以使用这个功能将不需要的动画删除，也可以使用 iSlide 插件的"瘦身"功能删除 PPT 中的所有动画。

（3）使用演示者视图。勾选【使用演示者视图】复选框可以在放映时使用演示者视图模式。

有些场景需要把 PPT 打印出来。打印 PPT 的方法很简单，依次单击【文件】→【打印】→【设置】选项，设置打印的具体页码及版式即可。

PPT 页面应简洁明了，在体现关键信息的条件下让字数尽可能少。但是，这样可能会导致演讲者在授课或演讲时遗忘重要信息，对此，可以通过添加备注来提醒演讲者。

可以通过演示者视图模式放映幻灯片，使得演讲者能看得到备注而观众看不到。此外，还可以将备注导出成 Word 文件，并打印出来，以方便演讲者在演讲之前熟悉内容或在授课时阅读。

创建备注的具体操作方法为：依次单击【文件】→【导出】→【创建讲义】选项，设置备注与幻灯片的摆放方式，比如勾选【备注在幻灯片下】复选框，然后单击【确定】按钮即可。

7.3.1 设计海报及杂志

市面上有非常专业的设计海报或杂志的软件，但很多公司并没有掌握这类软件的专业人才，此时，完全可以使用 PowerPoint 制作企业内部的海报或杂志。制作的要点在于设置页面尺寸及导出为 JPEG 格式、PNG 格式或 PDF 格式的文件。

7.3.2 自定义幻灯片的大小

设置幻灯片大小的操作是：依次单击【设计】→【幻灯片大小】→【自定义幻灯片大小】选项，根据需要输入尺寸后，单击【确定】按钮，如图 7-7 所示。

▲图 7-7

7.3.3 海报或杂志的排版

使用 PPT 进行海报或杂志的排版也非常方便。

用 PPT 排版的特点是"所见即所得"，需要文字就插入文本框，需要色块就绘制矩形框，需要图片就直接粘贴图片。

在 PPT 中设置文字或图形的颜色很方便，将图片裁剪为个性化的形状也很方便，想要对各对象进行排版，直接拖动鼠标并使用对齐工具就可以实现。

如果是杂志的排版，需要用好跨页对齐参考线，这些知识在前面的章节都有详细地讲述。

7.3.4 导出高清图片

PowerPoint 自身可以直接存储为 JPEG 格式或 PNG 格式的文件，借助 iSlide 插件可以导出高清图片。直接在搜索引擎中搜索"iSlide"关键词，进入官网下载即可下载、安装 iSlide 插件。使用 iSlide 插件导出高清图片的步骤是：依次单击【iSlide】→【导出】→【导出图片】选项，可以根据需要调整导出图片的像素，图片的宽度最大为 5000px，如图 7-8 所示。

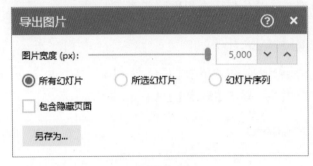

▲图 7-8

7.3.5 导出 PDF 格式的文件

一般企业内刊多为 PDF 格式，所以，利用 PowerPoint 完成杂志的排版后，直接导出为 PDF 格式的文件即可，操作的具体方法是：依次单击【文件】→【导出】→【创建 PDF/XPS 文档】→【创建 PDF/XPS】选项，输入文件名，单击【发布】按钮即可。